Wissenschaftliche Taschenbücher WTB

Mathematik · Physik

Gottfried Fritzsche

Zeitdiskrete und digitale Systeme

Akademie-Verlag · Berlin

WTB Wissenschaftliche Taschenbücher

Eine Auswahl lieferbarer Bände:

HEINRICH ARNOLD
Physikalische Chemie der Halbleiter

JOACHIM AUTH / DIETMAR GENZOW
KLAUS H. HERRMANN
Photoelektrische Erscheinungen

HANS BANDEMER
ANDREAS BELLMANN
WOLFHART JUNG / KLAUS RICHTER
Optimale Versuchsplanung

FRANK BEICHELT
Prophylaktische Erneuerung von Systemen

JOACHIM BELLACH / PETER FRANKEN
ELKE WARMUTH / WALTER WARMUTH
Maß, Integral und bedingter Erwartungswert

DIETRICH BENDER
ERNST-EGON PIPPIG
Einheiten — Maßsysteme — SI

WOLFRAM BRAUER
HANS-WALDEMAR STREITWOLF
Theoretische Grundlagen der Halbleiterphysik

SIEGFRIED BREHMER
Einführung in die Maßtheorie

SIEGFRIED BREHMER
Hilbert-Räume und Spektralmaße

JOHN CUNNINGHAM
Vektoren

GEORG DAUTCOURT
Relativistische Astrophysik

WERNER DÜCK
Diskrete Optimierung

HANNELORE FISCHER
JOACHIM PIEHLER
Modellsysteme der Operationsforschung

HERBERT GOERING
Asymptotische Methoden zur Lösung von Differentialgleichungen

HERBERT GOERING
Elementare Methoden zur Lösung von Differentialgleichungsproblemen

MICHAEL GÖSSEL
Angewandte Automatentheorie
I Grundbegriffe
II Lineare Automaten und Schieberegister

EDUARD HERLT / NIKOLAUS SALIÉ
Spezielle Relativitätstheorie

HELMUT HESS
Der elektrische Durchschlag in Gasen

V. I. KARPMAN
Nichtlineare Wellen in dispersiven Medien

ULRICH KAUSMANN
KLAUS LOMMATZSCH
FRANTIŠEK NOŽIČKA
Lineare parametrische Optimierung

A. R. KESSEL
Akustische Kernresonanz

KONRAD KREHER
Festkörperphysik

DIETER KRESS
Theoretische Grundlagen der Signal- und Informationsübertragung

Dieter Leuschner
Grundbegriffe der Thermodynamik

V. S. Letochow
Laserspektroskopie

Dierck-Ekkehard Liebscher
Relativitätstheorie mit Zirkel und Lineal

Wolfgang Meiling
Digitalrechner in der elektronischen Meßtechnik
Teil 1: Meßmethodik
Teil 2: Gerätetechnik und Anwendungen

L. I. Miroschnitschenko
Kosmische Strahlung im interplanetaren Raum

Peter Paufler
Gustav E. R. Schulze
Physikalische Grundlagen mechanischer Festkörpereigenschaften
Teil I und II

Ulrich Röseberg
Quantenmechanik und Philosophie

Albrecht Rost
Messung dielektrischer Stoffeigenschaften

J. V. Sačkov
Wahrscheinlichkeit und Struktur

E. M. Sawizki
Perspektiven der Metallforschung

Wolfgang Schäfer
Theoretische Grundlagen der Stabilität technischer Systeme

Ernst Schmutzer
Symmetrien und Erhaltungssätze der Physik

Volkmar Schuricht
Kernexplosionen für friedliche Zwecke

Norbert Sieber
Hans-Peter Leidhold
Einführung in die Datenverarbeitung

Hubertus Stolz
Supraleitung

Festkörperphysik
Entwicklungstendenzen und Anwendungsmöglichkeiten

Das Neutron
Eine Artikelsammlung

Hans-Georg Schöpf
Von Kirchhoff bis Planck

Die Schöpfer der physikalischen Optik
Eine Artikelsammlung

Horst Melcher
Albert Einstein wider Vorurteile und Denkgewohnheiten

Renate Wahsner
Mensch und Kosmos
Die copernicanische Wende

Helmut Friemel / Josef Brock
Grundlagen der Immunologie

Eberhard Hofmann
Funktionelle Biochemie des Menschen
Band 1 und 2

Lothar Jäger
Grundlagen der Klinischen Immunologie

Karlheinz Lohs
Dieter Martinetz
Entgiftung
Mittel, Methoden und Probleme

Joachim Nitschmann
Entwicklung bei Mensch und Tier

Dieter Spaar
Helmut Kleinhempel
Hans Joachim Müller
Klaus Naumann
Bakteriosen der Kulturpflanzen

Eberhard Teuscher
Pharmakognosie
Teil I–III

Heinrich Bremer
Klaus-Peter Wendlandt
Heterogene Katalyse

Peter Birner
Hans-Jörg Hofmann
Cornelius Weiss
MO-theoretische Methoden in der organischen Chemie

Werner Döpke
Dynamische Aspekte der Stereochemie organischer Verbindungen

Günter Eppert
Einführung in die Schnelle Flüssigchromatographie

Gerhard Geiseler / Heinz Seidel
Die Wasserstoffbrückenbindung

Falko H. Herrmann
Martina Ch. Herrmann
Das Hämoglobin des Menschen

Helmut Hrapia
Einführung in die Chromatographie

Hans Luppa
Grundlagen der Histochemie
Teil I und II

Burkart Philipp
Gerhard Reinisch
Grundlagen der makromolekularen Chemie

Joachim Schuppan
Theorie und Meßmethoden der Konduktometrie

Joachim Schuppan
Anwendungen der Konduktometrie

Vorschau auf die nächsten Bände:

Klaus Budde / Helmut Bulle
Helmut Rückauf
Stöchiometrie chemisch-technologischer Prozesse

Klaus Dittrich
Atomabsorptionsspektroskopie

Ernst-Joachim Donth
Glasübergang

Nina Hager
Modelle in der Physik

Martin Heinrich / Heinz Ulbricht
Mechanik der Kontinua

Karl Lanius
Physik der Elementarteilchen

Dieter Michel
Grundlagen und Methoden der kernmagnetischen Resonanz

Peter Paufler
Phasendiagramme

Robert Rompe
Hans-Jürgen Treder
Über die Einheit der exakten Wissenschaften

S. Sakata / M. Taketani
Philosophische und methodologische Probleme der Physik

Ernst Schmitz
Organische Zwischenprodukte

Werner Stolz
Reinhold Bernhardt
Dosimetrie ionisierender Strahlung

WTB

BAND 268

Gottfried Fritzsche

Zeitdiskrete und digitale Systeme

Netzwerke IV

Mit 22 Abbildungen und 25 Tafeln

AKADEMIE-VERLAG · BERLIN

Reihe MATHEMATIK UND PHYSIK

Herausgeber:
Prof. Dr. phil. habil. W. Holzmüller, Leipzig
Prof. Dr. phil. habil. A. Lösche, Leipzig
Prof. Dr. phil. habil. H. Reichardt, Berlin
Prof. Dr. rer. nat. habil. H.-J. Treder, Potsdam

Verfasser:
Prof. Dr. Gottfried Fritzsche
Hochschule für Verkehrswesen „Friedrich List“,
Dresden

1981
Erschienen im Akademie-Verlag,
DDR-1080 Berlin, Leipziger Straße 3—4
Lektor: Dipl.-Phys. Gisela Lagowitz

Lizenznummer: 202 · 100/413/81
Gesamtherstellung: VEB Druckhaus „Maxim Gorki“,
7400 Altenburg
Bestellnummer: 762 822 5 (7268) · LSV 3534
Printed in GDR
DDR 8,— M
ISSN 0084-098X

Vorwort

In diesem Band werden einführend die Theorie und der Entwurf diskreter Systeme, die als Querschnittsbetrachtungen bzw. -aufgabe für die Elektrotechnik, die Informationstechnik, die Regelungstechnik und die elektronische Meßtechnik Bedeutung haben, aufbauend auf den WTB-Bänden

Netzwerke I (Grundlagen und Entwurf passiver Analogzweipole)

Netzwerke II (Entwurf passiver Analogvierpole)

Netzwerke III (Entwurf aktiver Analogsysteme)

besprochen.

Die aus dieser Theorie hervorgegangene digitale Signalverarbeitung ist eine leistungsfähige und den modernen technologischen Möglichkeiten angepaßte Realisierungsvariante. Dabei ist es generell bemerkenswert, daß sowohl wichtige Ansätze und Ergebnisse der herkömmlichen Analogtechnik übernommen als auch grundsätzlich darüber hinaus gehende Eigenschaften (z. B. hinsichtlich der Genauigkeit, der Fertigungstoleranzen und der Linearität der Phase) verwirklicht werden können. Die noch im ständigen Fluß befindliche Verbilligung der integrierten Schaltkreise bzw. der Mikroprozessoren — als Richtwert sei genannt: Innerhalb von 25 Jahren ist z. B. der Kostenaufwand für eine Transistorfunktion auf den 10^{-6}-Teil gefallen — trägt zusätzlich enorm dazu bei, solche „programmierbaren" Systeme einzusetzen.

Inhaltlich werden in Vorbereitungsabschnitten die prinzipiellen Gesetzmäßigkeiten der

— zeitdiskreten Signale und
— der zeitdiskreten Systeme

vorangestellt. Die bestimmenden mathematischen Hilfsmittel sind dabei die Funktionaltransformationen und die Beschreibung im Zustandsraum, die — in analoger Formulierung — bereits aus früheren Bänden bekannt sind. Auch hier werden Darstellungen im Zeit- und Frequenzbereich gegenübergestellt und charakterisiert. Im Hinblick auf die Anwendung werden der Schnellen FOURIER-Transformation (Fast FOURIER-Transformation = FFT) — sie ist besonders vorteilhaft bei Analysen mit konstanter Absolutbandbreite über einer linearen Frequenzskala — und die $\mathcal{Z}$-Transformation betont. Bei der Systembeschreibung spielen naturgemäß die Eigenschaften der Übertragungsfunktion eine besondere Rolle.
Das Hauptkapitel ist in Übereinstimmung mit der Zielstellung der Darlegung der Entwurfstheorie für eindimensionale Systeme gewidmet. Dabei wird zwischen Systemen mit

— Vorschriften im Zeitbereich und
— Vorschriften im Frequenzbereich

unterschieden. Die zuletzt genannte Fragestellung hat vermehrte praktische Bedeutung, und es ist zweckmäßig, dabei

— nichtrekursive Systeme mit linearer Phase und
— rekursive Systeme

getrennt zu besprechen.

Da das — aus didaktischen und methodologischen Gründen — zugrunde liegende Modell allgemein nicht mehr gilt, wenn eine (wertquantisierte oder) digitale Realisierung vorliegt, wird ergänzend auf die dadurch entstehenden Fehler eingegangen. Ebenso wird angemessen (in Form einer Übersicht) auf die Realisierungsarten und Anwendungen verwiesen. Der Titel schließt ab mit einem Rück- und Ausblick, der bei Betonung des Filteraspektes (als Hauptanwendung) auf künftige mikroelektronische Realisierungen (z. B. CCD-Filter und SC-Filter) hinweist.

Wie schon in den vorangegangenen Bänden will die vorliegende Darstellung sowohl überblicksmäßig in das Fachgebiet einführen als auch leitfadenmäßig wesentliche Ergebnisse bereitstellen.

Das Buch wendet sich an Studenten der elektrotechnischen und der mathematisch-physikalischen Fachrichtungen. Es ist neben den Vorlesungen als Repetitorium nützlich und ermöglicht den in der Praxis Tätigen eine rasche Einarbeitung in Grundprobleme des Fachgebietes.

Herzlichen Dank insbesondere Frau D. Priebst für die gewissenhafte Reinschrift und Frau Dipl.-Phys. G. Lagowitz für die tatkräftige lektorische Hilfe.

Dresden, im März 1980 Gottfried Fritzsche

Inhaltsverzeichnis

0. Einleitung und Einordnung 11

0.1. Zeitdiskrete Systeme als moderne Realisierungsvariante 11

0.2. Zur Entwicklung der digitalen Signalverarbeitung . 17

1. Diskrete Signale 20

1.1. Abtasttheoreme 20

1.1.1. Abtasttheorem für frequenzbandbegrenzte Signale . 20

1.1.2. Abtasttheorem für zeitbegrenzte Signale 24

1.2. Zeitdiskrete Signale 25

1.2.1. Beschreibung im Zeitbereich 25

1.2.2. $\mathcal{Z}$-Transformation 26

1.3. Finite Signale 38

1.3.1. Beschreibung zeit- und frequenzdiskreter Signale . . 38

1.3.2. Diskrete $\mathcal{F}$-Transformation 43

1.3.3. Schnelle $\mathcal{F}$-Transformation 49

2. Analyse zeitdiskreter Systeme 53

2.1. Systemeigenschaften 54

2.2. Beschreibung im Zeit- oder Folgenbereich 55

2.2.1. Systemkennzeichnung durch eine Differenzengleichung 55

2.2.2. Systemkennzeichnung durch Zustandsgleichungen. . 57

2.2.3. Systemkennzeichnung durch eine Gewichtsfolge . . . 60

2.3. Beschreibung im Bild- bzw. Frequenzbereich 65

2.3.1. Systemkennzeichnung durch eine $\mathcal{Z}$-Übertragungsfunktion 65

2.3.2. Systemkennzeichnung durch Zustandsgleichungen . 68

2.3.3. Systemkennzeichnung durch Frequenzgänge 69

2.4. Systemklassifizierungen 74
2.4.1. Rekursive Systeme 74
2.4.2. Nichtrekursive Systeme 76
2.5. Systemrealisierungen 79
2.6. Praktische Fälle 84

3. Entwurf zeitdiskreter Netzwerke 93

3.1. Problematik 93
3.2. Entwurf bei Vorschriften im Zeitbereich 96
3.2.1. Korrelationsfilter-Approximationen für nichtrekursive Realisierungen 96
3.2.2. Impulsinvariant-Transformation für rekursive Realisierungen 100
3.3. Entwurf bei Vorschriften im Frequenzbereich . . . 105
3.3.1. FOURIER-Approximation für nichtrekursive Realisierungen 105
3.3.2. Filterapproximation im p-Bereich für rekursive Realisierungen 113

4. Besonderheiten digitaler Systeme 127

5. Realisierungsarten und Anwendungen 131

6. Rück- und Ausblick 142

Literaturverzeichnis 145
Symbolverzeichnis 150
Sachwortverzeichnis 155

0. Einleitung und Einordnung

0.1. Zeitdiskrete Systeme als moderne Realisierungsvariante

Die Signalverarbeitung von abgetasteten Zeitfunktionen spielt schon längere Zeit eine eigenständige Rolle. Als Beispiel sei die Impulsmeßtechnik (Radar) genannt. Aus der Nachrichtenübertragung ist wohl bekannt, daß die Übermittlung zeitlicher Probenwerte (unter Beachtung des Abtasttheorems) genügt, um analoge Nachrichtenfunktionen „verzerrungsfrei" zu transportieren. Hinzu kommt die geradezu „lawinenhafte" Entwicklung der digitalen Schaltkreistechnik. Durch die Begriffe

Small Scale
Integration SSC
(Kleinintegration)

↓

Medium Scale
Integration MSI
(mittl. Integration)

↓

Large Scale
Integration LSI
(Großintegration)

↓

Very Large Scale
Integration VLSI
(Superintegration)

wird das deutlich demonstriert. Obwohl es — generell gesehen — auch künftig analoge *und* digitale Verfahren nebeneinander geben wird, werden die Einrichtungen mit digitalen Komponenten weiter vordringen. Ein augenfälliges Beispiel ist die Pulscodemodulation in der Nachrichtentechnik. Sie stellt ein universelles, störunempfindliches und – verglichen mit den durch die Informationstheorie aufgezeigten Möglichkeiten –

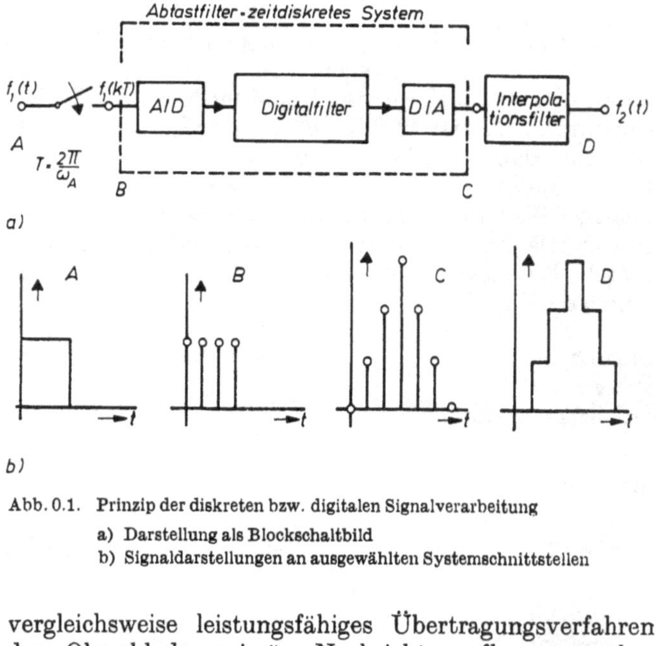

Abb. 0.1. Prinzip der diskreten bzw. digitalen Signalverarbeitung

a) Darstellung als Blockschaltbild

b) Signaldarstellungen an ausgewählten Systemschnittstellen

vergleichsweise leistungsfähiges Übertragungsverfahren dar. Obwohl das primäre Nachrichtenaufkommen, charakterisiert z. B. durch die Sprache, durch Klänge und durch bewegte Bilder, zu etwa 90% analoger Art ist, wird die Übertragung vorteilhaft digital vorgenommen. Zugleich ist das PCM-Verfahren ein Musterbeispiel für das Vorgehen bei der *zeitdiskreten* Signalübertragung oder – weiter gefaßt – *Signalverarbeitung*. Infolge der technologischen Fortschritte ist das auch wirtschaftlich günstig möglich geworden. Abb. 0.1 zeigt das Grundmodell. Die schematisch dargestellten Zeitfunktionen und die durch Blockbilder gekennzeichneten Einrichtungen sind typisch für diese Betrachtungsweise. Da in der internationalen Literatur für die (vorgeschriebene) Signalwandlung häufig der Begriff „Filterung" oder kurz „*Filter*" verwendet wird, übernehmen wir diese Bezeichnung als vollwertiges Synonym. Der Sachverhalt ist dabei folgender: Zunächst wird das Eingangs- oder Ursachensignal tiefpaßgefiltert (damit werden die Voraussetzungen für das Abtasttheorem: Frequenzbandbegrenztes Signal erfüllt) und abgetastet. Die eigentliche Wandlung oder Filterung kann nunmehr durch ein

- zeitdiskretes System (*Abtastfilter*) oder
- (in Verbindung mit Analog-Digital-Wandler (A/D) und Digital-Analog-Wandler (D/A)) durch einen Digitalen Rechner (*Digitalfilter*)

erfolgen. Schließlich erfolgt durch einen „Rekonstruktionstiefpaß" die Überführung in ein analoges Ausgangs- oder Wirkungssignal. Im Grunde sind die Kerneinrichtungen

- spezielle Analogrechner im Fall des Abtastfilters bzw.
- spezielle Digitalrechner im Fall des Digitalfilters,

die im Echtzeitbetrieb eine gewünschte Signalwandlung vornehmen.

Die digitale Variante ist dabei auf die in der numerischen Mathematik geläufigen Verfahren zugeschnitten. Sie wird allgemein durch einen *Algorithmus* (d. h., gegebene (Eingabe-) Größen werden mathematisch-gesetzmäßig in andere (Ausgabe-) Größen überführt) beschrieben, mit dem aus der Eingangs- oder Ursachen-Folge $\{f_1(kT)\}$ die Ausgangs- oder Wirkungs-Folge $\{f_2(kT)\}$ errechnet wird.

Natürlich hat jede Technik ihre spezifischen Merkmale. In Tafel 0.1 sind summarisch die Eigenschaften für analoge und digitale Verfahren gegenübergestellt. Obwohl auf den ersten Blick die digitalen Verfahren durch

Tafel 0.1
Vergleich analoger Realisierungen mit digitalen

Merkmale	Analoge Verfahren	Digitale Verfahren
Grenzfrequenzen	großer Bereich realisierbar	nach oben (durch beherrschbare Impulsfolgefrequenzen) begrenzt
Dynamisches Verhalten	gut bis sehr gut (kritisch bei aktiven Elementen)	prinzipiell begrenzt
Genauigkeit	prinzipiell begrenzt (% bis minimal ‰)	prinzipiell nicht begrenzt
Toleranzen	nur bedingt einhaltbar, Herstellung identischer Systeme schwierig	können prinzipiell (durch Festkommaspeicher) eingehalten werden
Zeitliche Konstanz, Temperaturgang	sind für Bauelemente und Systeme zu beachten	sind vergleichsweise leichter zu garantieren
Realisierung in integrierter Technik	nur teilweise möglich	vollkommen möglich
Multiplextechnik	vorzugsweise Frequenzmultiplextechnik	vorzugsweise Zeitmultiplextechnik

überzeugende Vorteile hervortreten, müssen wir von Anfang an bestimmte Umstände jeder digitalen Realisierung in Kauf nehmen bzw. zumindest beachten. So bedeuten die Abtastung, die A/D- sowie die D/A-Wandlung und die Rekonstruktion nicht nur zusätzlichen Aufwand, sondern sie bedingen praktisch auch zusätzliche — unvermeidbare — Fehler. Beispiele dafür sind „*Überlappungsfehler*" von zeitlich begrenzten Ursachenfunktionen oder die „*Quantisierungsfehler*" bei der A/D-Wandlung, da die wertquantisierte Darstellung eine Beschränkung auf nur endlich viele verschiedene Zahlen bedingt. Prinzipiell liegen *Differenzengleichungen* zugrunde. Damit die Verknüpfungen überschaubar bleiben, konzentrieren wir uns auf *lineare zeitinvariante Modellsysteme* (Abschn. 2.1.) als repräsentative Näherung, die demzufolge z. B. durch lineare Differenzengleichungen mit konstanten Koeffizienten beschrieben werden. Das entspricht einem bewährten Vorgehen bei der Beschreibung bzw. bei dem Entwurf technischer Einrichtungen. Dadurch werden „Hauptfaktoren" übersichtlich berücksichtigt. Die verbesserte Anpassung an die tatsächlichen Situationen wird durch Korrekturen bzw. ergänzende Untersuchungen sichergestellt und nur in dem Maße betrieben, wie es nötig ist. Deshalb betonen wir zunächst Abtastvorgänge und Abtastsysteme und fügen Besonderheiten digitaler Vorgänge und Systeme als Ergänzungen an (Abschn. 5.).

Überschaubar kann die Wirkungsweise eines zeitdiskreten Systems an der *rekursiven Berechnung* der zugehörigen Differenzengleichung demonstriert werden. Diese ist grundsätzlich so beschaffen, daß für das Argument kT der Amplitudenwert $f_2(kT)$ eine Funktion von $f_1(kT)$ *und weiterer vorangegangener* Eingangs- und Ausgangsabtastwerte ist. Mit den Bezeichnungen, wie in Abb. 0.1 ausgewiesen, gilt für eine Differenzengleichung n-ter Ordnung mit konstanten Koeffizienten a_μ und b_ν

$$f_2(kT) = \sum_{\mu=0}^{m} a_\mu f_1(kT - \mu T) - \sum_{\nu=1}^{n} b_\nu f_2(kT - \nu T). \qquad (0.1)$$

Diese Gleichung gestattet eine rekursive Berechnung, da „neue" $f_2(kT)$-Werte aus

— dem Eingangsabtastwert bei kT,
— den vorangegangenen m-Eingangsabtastwerten und aus
— den n vorangegangenen Ausgangsabtastwerten

berechnet werden können. Diese Vorschrift ist in besonderer Weise computerfreundlich, da nur die elementaren Rechenoperationen

Addieren, Multiplizieren und Speichern

notwendig sind. Nochmals sei gesagt:

> Die Simulation von (0.1), wenn zusätzlich nur wertdiskrete $f_\nu(kT)$ ($\nu = 1, 2$) zugelassen werden, verifiziert das Digitalfilter.

Deshalb ist es eine Vorzugsmethode beim Entwurf zeitdiskreter Systeme, die zugehörige Differenzengleichung nachzubilden, d. h., die Koeffizienten in dieser Darstellung werden — denkbar einfach und diskret — als „Systemkonstanten“ gedeutet. Die Bausteine der zeitdiskreten Systeme sind damit

Addierer, Multiplizierer und Speicher.

Ihre Symbole zeigt Abb. 0.2 a. Am Beispiel einer Differenzengleichung demonstriert Abb. 0.2 b das „Re-

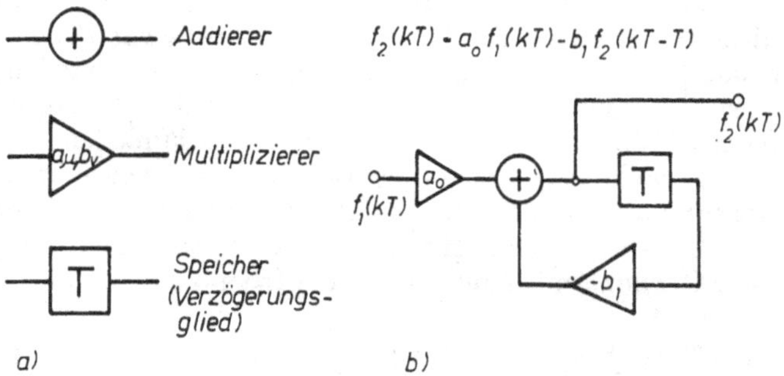

Abb. 0.2. Elemente und Blockschaltbild einer einfachen Anordnung
a) Netzwerkelemente zeitdiskreter Systeme
b) Realisierung gehörend zu einer Differenzengleichung 1. Ordnung

alisierungsproblem“. Es läuft auf eine schrittweise Deutung der rechten Seite der Differentialgleichung hinaus. Danach ist $f_1(kT)$ mit a_0 zu multiplizieren, und hinzuzufügen ist die mit $-b_1$ multiplizierte und um T verzögerte Größe. Damit ist das Auffinden einer realisierenden Struktur mit der zugehörigen Bemessung prinzipiell sehr einfach lösbar. (Im Gegensatz zu dem Vorgehen bei analogen Netzwerken, wo die Überführung: Zulässige approximierte Funktion → realisierende Schaltung(en) i. a. nur mühevoll gelingt.)

0.2. Zur Entwicklung der digitalen Signalverarbeitung

Obwohl die zuvor angedeutete rasche technologische Entwicklung auf dem Gebiet der Halbleiter-Großintegration die digitale Signalverarbeitung in noch nicht absehbarer Weise beschleunigt und rasch neue Anwendungen in der Nachrichtentechnik, der elektronischen Meßtechnik und der Regelungstechnik — um nur einige Technikzweige zu nennen — erlangt, sind der Grundgedanke und die zugehörige Theorie schon länger bekannt. Die digitale Wandlungsaufgabe ist uns — prinzipiell gesehen — als *mathematische Tabelle* bereits seit Jahrhunderten bekannt, da dabei ein „*Transformationsalgorithmus*" — d. h. eine Folge von Eingangswerten in eine Folge von Ausgangswerten zu überführen — wirksam wird. (Genau diese Problematik liegt dem Entwurf digitaler Systeme bzw. Filter zugrunde.) Damit muß der Beginn bereits bei den Begründern der klassischen *numerischen Analysis* gesucht werden. Es ist einleuchtend, daß die Verfahren der Interpolation, der numerischen Differentiation bzw. Integration usw. deshalb vermehrte Bedeutung haben und genutzt werden.

Aus technischer Sicht sind dann — beginnend vor rund 40 Jahren — die *Abtastsysteme* aufgekommen, die diskrete Wertefolgen (bzw. Treppenfunktionen) verarbeiten. (Sie sind auch als „Impulssysteme" oder „sampled data systems" bekannt, die zunächst hauptsächlich in der Radar- und Regelungstechnik verankert waren.) Das angepaßte Rechenhilfsmittel war die *$\mathcal{Z}$-Transformation*, deren Theorie bereits in den fünfziger Jahren weit ausgebaut war.

Zu gleicher Zeit ([F 5] Vorwort) ist die strenge *Netzwerksynthese* entstanden, die, basierend auf der Betriebsgrößentheorie, in der Lage war, *kontinuierliche Teilsysteme* mit vorgeschriebenen Eigenschaften bestmöglich zu entwerfen. Obwohl zunächst nicht die wünschenswerte Rechentechnik zur Verfügung stand, wurde diese Betrachtung theoretisch wohl begründet und ausgebaut. So ist es selbstverständlich geworden, daß für anspruchsvolle Selektionsaufgaben der kommerziellen Nachrichtentechnik fast ausschließlich auf diese Ergebnisse zurückgegriffen wird.

Zu Beginn der sechziger Jahre setzten dann Untersuchungen ein, die Aufgaben und Methoden dieser modernen Filtertheorie auf zeitdiskrete bzw. digitale Systeme zu übertragen.

Dabei standen zunächst Analyseverfahren im Vordergrund, wie das z. B. in dem bereits 1967 erschienenen Standardwerk von F. F. Kuo/J. F. Kaiser „System Analysis by Digital Computer" [K 5] zum Ausdruck kommt. W. Schüssler [S 2] stellte mit dem Begriff „Verzweigungsnetzwerke" Verbindungen zwischen Analog- und Diskretnetzwerken her und machte damit schon frühzeitig auf die innere Verwandtschaft der kontinuierlichen mit den digitalen Systemen aufmerksam. Zugrunde lag ein lineares zeitinvariantes Modell. Während bei den vorangegangenen Betrachtungen die Systemeigenschaften von „Netzwerken" — also Aufbauten mit endlich vielen Elementen — im Mittelpunkt standen, ist noch ein anderer Zugang zu nennen. Da für analoge Nachrichtenübertragungssysteme, wenn sie kompakt gesehen werden, die „Detailmethoden" nicht brauchbar sind, hat K. Küpfmüller [K 4] 1949 den Begriff „*Systemtheorie* der Schaltvorgänge" geprägt. und er konnte mit schematisierten Signalen und Systemen eine sehr leistungsfähige übergeordnete Methode vorstellen. Herausragende praktische Bedeutung haben die von ihm eingeführten Kennwerte zwischen Zeit- und Frequenzdarstellung erlangt. Durch schrittweises Heranführen der idealisierten Funktionen an die wirklichen Verläufe ergaben sich übersichtliche Richtlinien für die Beurteilung und Planung von Gesamtsystemen [F 4].

Dieser fruchtbaren empirischen Systemanalyse konnte als weitere Variante eine *axiomatische Beschreibung* (hauptsächlich in der Regelungstechnik entwickelt) gegenübergestellt werden, die auf (inneren) Zustandsgrößen beruht und prinzipiell mehr zu leisten vermag als eine „Black-box-Untersuchung". Diese Verfahren stellt Matrizenoperationen in den Mittelpunkt und ist in besonderer Weise für eine rechnergestützte Auswertung geeignet [L 12]. Der Hintergrund sind endliche Differential- bzw. Differenzen-Gleichungssysteme. Damit ist diese Betrachtung auf Systeme mit endlich vielen Elementen zugeschnitten.

Um den Prozeß Signal—System—Signal folgerichtig zu studieren, ist es zweckmäßig, vorbereitend zwischen der

— Signalbeschreibung (oder auch *Signaltheorie*) und der
— Systembeschreibung (oder auch *Systemanalyse* bzw. Systemtheorie)

zu unterscheiden. (Unsere Einführungsdarstellung wird so angelegt sein und darauf aufbauend spezielle Entwurfsmethoden herausstellen. Die Grenzen zwischen diesen Ansätzen sind aber tatsächlich verwischt, weil ein System grundsätzlich als „Signal-Abbild“ aufgefaßt werden kann.) Diese Klassifizierung ist methodologisch besonders übersichtlich, da — gleichwertig im Zeit- und im Spektralbereich — Verknüpfungen zwischen kontinuierlichen und diskreten, zwischen Leistungs- und Energiesignalen und (weiter gefaßt) auch zwischen determinierten und zufälligen Signalen bestehen [F 18]. Im für uns interessanten determinierten Fall spielen

— zeitdiskrete (frequenzkontinuierliche und -periodische) Signale und
— zeit- und frequenzdiskrete (oder finite) Signale

eine Vorzugsrolle. Die angepaßten *Funktionaltransformationen* sind die $\mathcal{Z}$ -Transformation bzw. die diskrete FOURIER-Transformation (DFT). In diesem Zusammenhang ermöglicht der ab 1965 für Rechneranwendungen entwickelte Algorithmus der Schnellen FOURIER-Transformation (oder Fast FOURIER-Transformation oder FFT) eine effektive Signal- (und System-) Berechnung im Spektralbereich. Finite Signale in Verbindung mit Pulsübertragungssystemen, d. h. Anordnungen mit einer (zyklischen) Pulsantwort, die aus N Grundwerten besteht, führen zur *finiten Systemtheorie.* W. KLEIN [K 1] hat diesen Ansatz gründlich ausgebaut und insbesondere Querverbindungen zur herkömmlichen infinitiven Systemtheorie herausgestellt.

Damit liegt insgesamt eine umfassende und weitgehend konsolidierte Theorie für das lineare zeitinvariante Modell des Prozesses Signal—System—Signal vor.

Nicht minder entscheidend für den praktischen Einsatz der *digitalen Signalverarbeitung* sind Sonderprobleme, wie z. B. Wahl der Zahlendarstellung und Wortlänge, Stabilitätsprobleme bei rekursiven Systemen in Gestalt von Grenzzyklen und Quantisierungsfehler. Weltweit werden solche Fragen untersucht.

Inzwischen existiert über die Theorie, den Entwurf und die Anwendungen — die durch Minicomputer bzw. Mikroprozessoren zunehmend Bedeutung erlangen — eine umfangreiche Literatur, z. B. sind in einer Literatursammlung bis 1975 [H 13] knapp 1900 Titel dokumentiert. Außerdem sind Sammlungen von wichtigen Originalarbeiten erschienen (z. B. [D 11], [R 11]). Im deutschen Sprachraum hat die Schule von W. SCHÜSSLER das Gesamtproblem gründlich erforscht, und die Ergebnisse wurden in einem Standardwerk [S 2] niedergeschrieben. Darin sind alle wichtigen Methoden und Ergebnisse zu finden. Sie werden laufend ergänzt durch Veröffentlichungen von Originalarbeiten und Publikationen in der Buchreihe „Ausgewählte Arbeiten über Nachrichtensysteme", in der schon mehr als 30 Beiträge erschienen sind. Bekannt sind durch Veröffentlichungen auch Arbeitsgruppen in Prag (Akademie der CSSR, Institut für Radiotechnik und Elektronik), in Westberlin (HEINRICH-HERTZ-Institut) und Dresden (HfV). Zusätzlich sind neben Tagungsberichten besonders die IEEE Transactions on Circuits and Systems und die IEEE Transactions on Audio and Electroacoustics als Quellen für neue Ergebnisse und Weiterentwicklungen zu nennen.

1. Diskrete Signale

1.1. Abtasttheoreme

Die *Abtasttheoreme* — auch *Probensätze* genannt — nehmen bei der diskreten Signaldarstellung einen wichtigen Platz ein. Deshalb stellen wir allen weiteren Beschreibungsformen diese Aussagen voran. Es gibt zwei sich entsprechende Gesetzmäßigkeiten, nämlich

— das Abtasttheorem für frequenzbandbegrenzte Zeitfunktonen und

— das Abtasttheorem für zeitbegrenzte Frequenzfunktionen.

Beide gestatten jeweils wechselseitig eine diskrete Darstellung zunächst kontinuierlicher Funktionen. Die Einschränkungen frequenzbandbegrenzt oder zeitlich begrenzt entsprechen außerdem vielfach praktischen Gegebenheiten.

1.1.1. Abtasttheorem für frequenzbandbegrenzte Signale

Wir gehen von einem bandbeschränkten Signal $f(t)$ gemäß Abb. 1.1a und b aus und fragen nach einer zeitdiskreten Darstellung für $f(t)$ als Funktion von Probenwerten $f(kT)$ gemäß Abb. 1.1c. Da bekannt ist (I, Abschn. 1.1.), daß periodische Zeitfunktionen diskrete Frequenzfunktionen (und umgekehrt) bedingen, setzen wir $F(\omega)$ *periodisch* gemäß Abb. 2.1d fort, was gesetz-

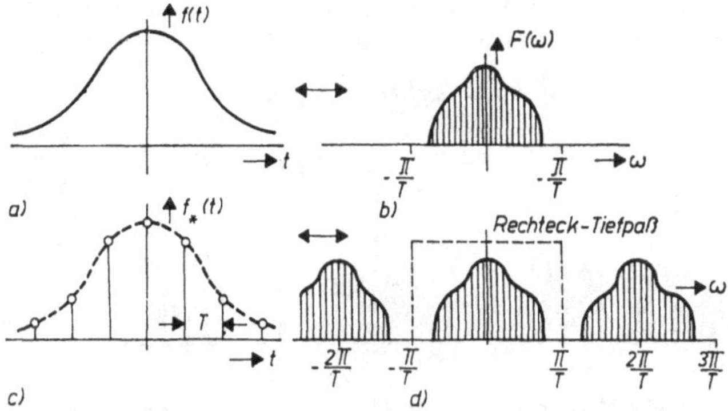

Abb. 1.1. Veranschaulichung des Abtasttheorems für bandbegrenzte Zeitfunktionen

a) bandbegrenztes Analogsignal $f(t)$
b) zugehöriges Spektrum $F(\omega)$ (endlicher Breite)
c) zeitdiskrete Abtastmodellfunktion $f_*(t)$ herrührend von $f(t)$
d) zugehöriges periodisches (unendlich breites) Spektrum $F_*(\omega)$ mit gestrichelt eingetragenem „Interpolations"-TP, der zur Rückgewinnung von $f(t)$ aus $f_*(t)$ notwendig ist.

mäßig in der „Überlagerungsform"

$$F_*(\omega) = \sum_{n=-\infty}^{\infty} F(\omega - n\omega_A) \tag{1.1}$$

bedeutet, wenn die Periodendauer im Frequenzbereich mit

$$\omega_A = \frac{2\pi}{T} \tag{1.2}$$

gewählt wird.[1])

---

[1]) Die Abbildungen betreffend die Frequenzfunktionen (z. B. in Abb. 1.1 b oder Abb. 1.1 d – und auch künftig z. B. in Abb. 1.8 b) sind *symbolisch* zu verstehen, da i. a. komplexe Funktionswerte auftreten.

Mit den „*Impulskamm*"-Beziehungen, wie in Abb. 1.2 veranschaulicht und notiert, ist (1.1) auch als Faltungsprodukt

$$F_*(\omega) = F(\omega) * \delta_{\omega_A}(\omega) \tag{1.3}$$

darstellbar. Durch Rücktransformation erhalten wir die zugehörige *zeitdiskrete* Funktion

$$\begin{aligned} f_*(t) &= 2\pi f(t) \cdot \omega_A \delta_{T_A}(t - kT) \\ &= T \sum_{k=-\infty}^{\infty} f(kT)\, \delta(t - kT) \end{aligned} \tag{1.4}$$

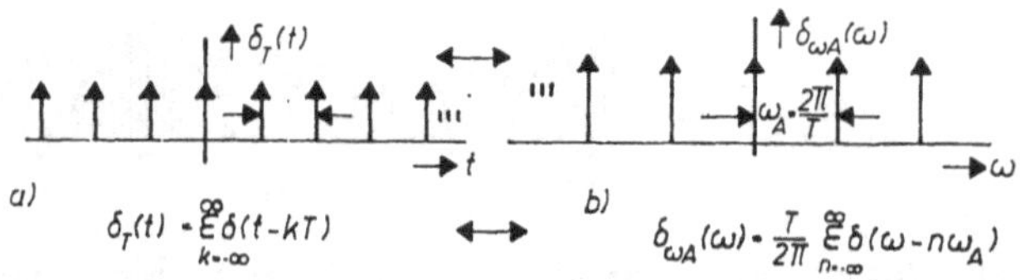

Abb. 1.2. (Selbstreziproke) Impulskamm- oder DIRAC-Puls-Funktionen
a) Zeit-Impulskamm
b) Frequenz-Impulskamm

($f_*(t)$ ist eine modifizierte — in den folgenden Ausführungen bevorzugen wir eine Form ohne den Vorfaktor T — *Abtastmodellfunktion*, die durch „Modulation von $f(t)$ mit dem Impulskamm $\delta_T(t)$" entsteht.)

Die ursprüngliche kontinuierliche $f(t)$ gewinnen wir durch Unterdrückung der Fortsetzungsteile in $F_*(\omega)$ (Abb. 1.1d), d. h. praktisch durch Filterung mit einem „Rechteck-Tiefpaß", dessen Übertragungsfunktion

$$T_{TP}(\omega) = s\left(\omega + \frac{\omega_A}{2}\right) - s\left(\omega - \frac{\omega_A}{2}\right) \tag{1.5}$$

(gestrichelt in Abb. 1.1d) lautet. Das ist gleichbedeutend mit

$$F(\omega) = F_*(\omega) \cdot T_{TP}(\omega) \tag{1.6}$$

oder im Zeitbereich mit dem gesuchten

$$f(t) = f_*(t) * T_{TP}(\omega) = \sum_{k=-\infty}^{\infty} f(kT) \operatorname{si}\left(\pi\left(\frac{t}{T} - k\right)\right) \quad (1.7)$$

Abtasttheorem für frequenzbandbegrenzte Zeitfunktionen, d. h.:

Falls $F(\omega)$ bandbegrenzt ist mit $F(\omega) = 0$ für $|\omega| \geqq \frac{\omega_A}{2} = \frac{\pi}{T}$, so ist $f(t)$ vollständig durch die Probenwerte $f(kT)$ bestimmt.

Wird die Bedingung

$$F(\omega) = 0 \quad \text{für} \quad |\omega| \geqq \frac{\omega_A}{2} = \frac{\pi}{T} \quad (1.8)$$

verletzt, so treten in $F_*(\omega)$ gemäß (1.1) spektrale „Überlappungen" auf, und es ist grundsätzlich nicht mehr möglich, verzerrungsfrei $f(t)$ aus diskreten Beschreibungen zurückzugewinnen. Dieser Fall ist insbesondere bei kausalen — also zeitlich begrenzten — $f(t)$ wirksam, weil dazu generell ein unendlich ausgedehntes Spektrum $F(\omega)$ gehört.

Die Spaltfunktionen

$$\operatorname{si}\left(\pi\left(\frac{t}{T} - k\right)\right) \quad (1.9)$$

sind orthogonal. Außerdem klingen sie rasch ab, so daß praktisch oft eine endliche Summe in (1.7) als Näherungsausdruck genügt.

Dieser *Probensatz* für Zeitfunktionen — er wurde erstmals bereits 1933 von A. V. Kotelnikow formuliert — hat fundamentale Bedeutung in der System- und Informationstheorie. In der Nachrichtentechnik sind u. a.

— die Pulsamplitudenmodulation (PAM) und
— die Laufzeitfilter (Echoentzerrer)

sowie in der Meßtechnik „Sampling-Oszillographen" bekannte Anwendungen.

1.1.2. Abtasttheorem für zeitbegrenzte Signale

Wegen der reziproken Eigenschaft der FOURIER-Transformation existiert ein entsprechender Probensatz für zeitbegrenzte Frequenzfunktionen. Mit den Be-

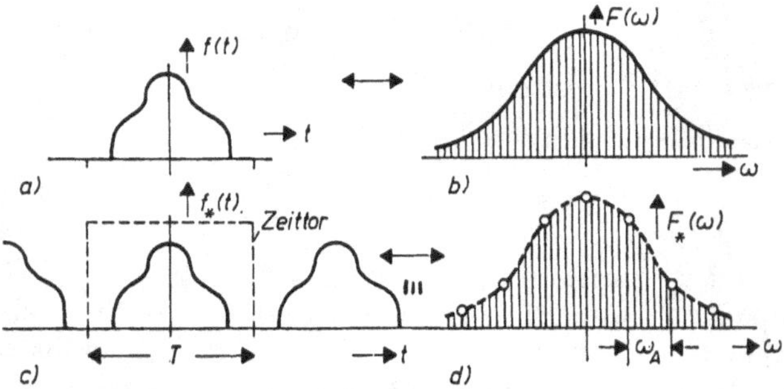

Abb. 1.3. Veranschaulichung des Abtasttheorems für zeitbegrenzte Frequenzfunktionen

a) zeitbegrenztes Analogsignal $f(t)$
b) zugehöriges Spektrum $F(\omega)$ (unendlicher Breite)
c) periodisch fortgesetztes Zeitsignal $f_*(t)$ mit gestrichelt eingetragenem Zeittor, das zur Rückgewinnung von $F(\omega)$ aus $F_*(\omega)$ notwendig ist
d) frequenzdiskrete Abtastmodellfunktion $F_*(\omega)$ herrührend von $F(\omega)$

zeichnungen in Abb. 1.3 finden wir in entsprechender Weise, wie zuvor gezeigt, bei

$$f(t) = 0 \quad \text{für} \quad |t| \geqq \frac{T}{2} = \frac{\pi}{\Delta\omega} \tag{1.10}$$

$$F(\omega) = \sum_{i=-\infty}^{\infty} F(i\Delta\omega)\,\mathrm{si}\left(\pi\left(\frac{\omega}{\Delta\omega} - i\right)\right) \tag{1.11}$$

das Abtasttheorem für zeitbegrenzte Frequenzfunktionen, d. h.;

> Falls $f(t)$ zeitbegrenzt ist mit $f(t) = 0$ für $|t| \geqq \frac{T}{2} = \frac{\pi}{\Delta\omega}$, so ist $F(\omega)$ vollständig durch die Probenwerte $F(i\Delta\omega)$ bestimmt.

(1.7) und (1.11) bringen auf weitere Weise das „paarweise Vorkommen“ von Gesetzen in der Elektrotechnik zum Ausdruck.

Als Anwendung sei das „*Kammfilter*“ erwähnt, das nur sehr schmale und frequenzmäßig periodische Durchlaßbereiche aufweist.

1.2. Zeitdiskrete Signale

1.2.1. Beschreibung im Zeitbereich

Darunter verstehen wir Funktionen, die nur an diskreten äquidistanten Zeitpunkten, im Abstand T (= *Taktzeit*), definiert sind. Mathematisch gesehen sind es *Folgen*, d. h. geordnete Mengen von i. a. unendlich vielen Elementen. Dabei können wir zwei verschiedene Arten, nämlich

- zeitdiskrete Signale mit wertkontinuierlichen Amplituden (oder kurz: *Abtastsignale*) und
- zeitdiskrete Signale mit wertdiskreten oder quantisierten Amplituden (oder kurz: *Digitale Signale*)

unterscheiden, (s. Abb. 1.4).
Eine Folge ... $f(-2T), f(-T), f(0), f(T), f(2T), \ldots$ wird durch das Symbol

$$\{f(kT)\} \quad \text{bzw. kürzer} \quad \{f(k)\} \tag{1.12}$$

charakterisiert. In Tafel 1.1 sind für den praktischen Gebrauch Rechenregeln, die allerwichtigsten elementaren Folgen und Spezialformen zusammengestellt.

Besondere Bedeutung haben im Fall der Abtast- bzw. Digitalfilter *kausale* Folgen mit

$$f(k) = 0 \quad \text{für} \quad k < 0. \tag{1.13}$$

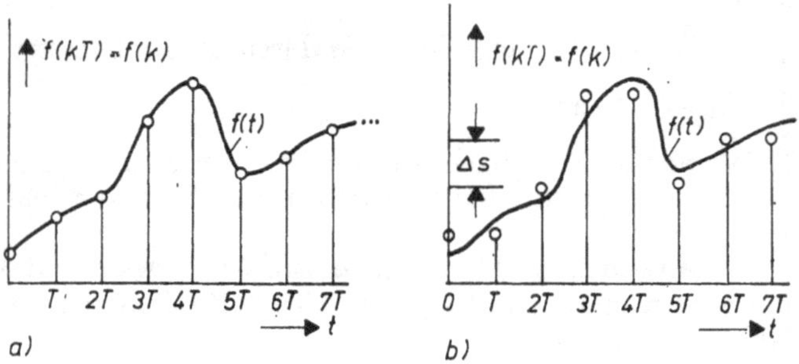

Abb. 1.4. Abtastsignale
a) zeitdiskreter und wertkontinuierlicher Fall
b) zeit- und wertdiskreter Fall (= digitales Signal) mit Δs = Quantisierungsstufe

1.2.2. $\mathscr{Z}$-Transformation

Die (einseitige) $\mathscr{Z}$-Transformation gestattet eine algebraische Signalbeschreibung in einem Bildbereich (z-Ebene) für kausale Folgen im Zeitbereich. Im Prinzip ist es eine *diskrete* $\mathscr{L}$-Transformation mit zahlreichen und praktisch häufig nützlichen Querverbindungen. *Zeitdiskrete* Signale werden danach im Originalbereich entweder durch Abtastmodellfunktionen $f_*(t)$

(Rechenhilfsmittel: $\mathscr{F}$-Transformation (FT))

oder durch Folgen $f(k)$

(Rechenhilfsmittel: $\mathscr{Z}$-Transformation (ZT))

gekennzeichnet.[1])

---

[1]) Die FOURIER-Transformation ($\mathscr{F}$), die LAPLACE-Transformation ($\mathscr{L}$) und die $\mathscr{Z}$-Transformation sind häufig vorkommende Funktionaltransformationen für die Abbildung einer Zeitfunktion in eine Frequenzfunktion ($\mathscr{F}$-Fall) bzw. in eine Bildfunktion ($\mathscr{L}$- und $\mathscr{Z}$-Fall). Wie wir noch sehen werden, hat die FOURIER-Transformation – im zeitdiskreten Fall als Diskrete FOURIER-Transformation (DFT) – zentrale Bedeutung, da sie eine Verknüpfung zwischen meßbaren Kenngrößen herstellt.

Tafel 1.1

Folgen (Rechenregeln und Beispiele)

Rechenregeln Bezeichnungen	Gesetze
Addition	$\{f(k)\} + \{g(k)\}$ bedeutet für jedes Element $f(k) + g(k)$
Multiplikation mit einer Konstanten	$c\{f(k)\}$ bedeutet für jedes Element $c \cdot f(k)$
Multiplikation	$\{f(k)\} \cdot \{g(k)\}$ bedeutet für jedes Element $f(k) \cdot g(k)$

Beispiele für elementare Folgen

Bezeichnungen	Gesetze	Darstellungen
Einheitsimpulsfolge	$\delta(k) = \begin{cases} 1 & \text{für} \quad k = 0 \\ 0 & \phantom{\text{für}} \quad k \neq 0 \end{cases}$	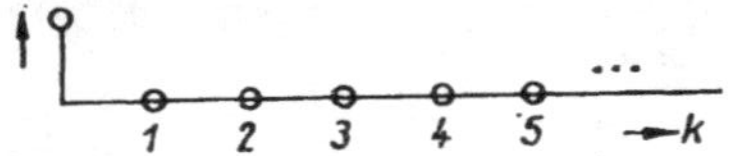
Einheitssprungfolge	$s(k) = \begin{cases} 1 & \text{für} \quad k \geqq 0 \\ 0 & \phantom{\text{für}} \quad k < 0 \end{cases}$	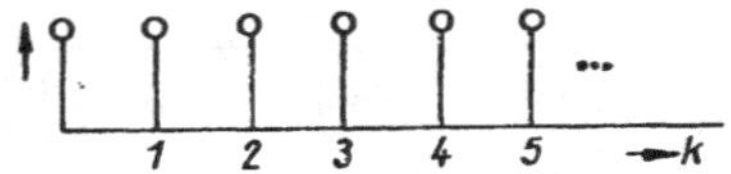
Exponentialfolge	$\mathrm{e}(k) = a^{-k}$	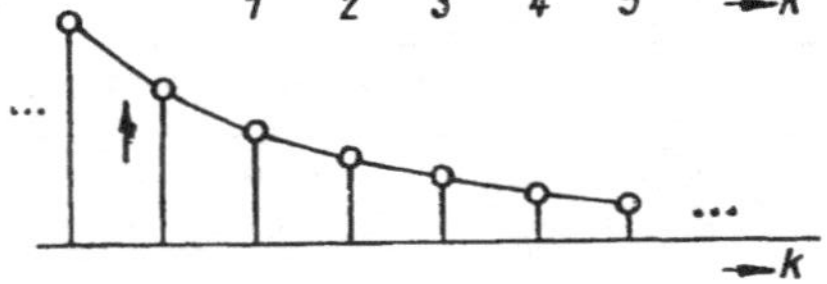

Tafel 1.1 (Fortsetzung)

Spezielle Formen

Bezeichnungen	Gesetze	Erläuternde Beispiele
Zeitlich verschobene Folge	$f(k - i)$	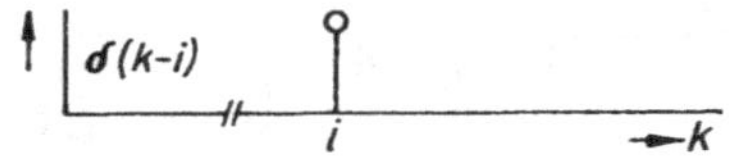
Rechtsseitige Folge	$f(k) = 0$ für $k < i$	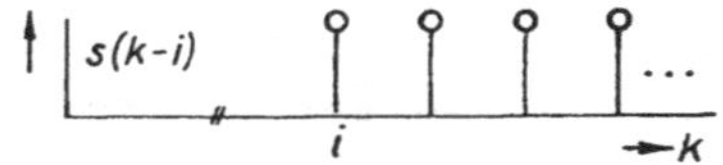
Linksseitige Folge	$f(k) = 0$ für $k > i$	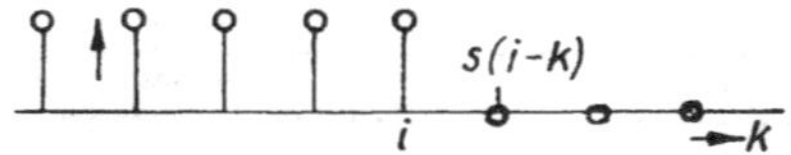
Kausale Folge	$f(k) = 0$ für $k < 0$	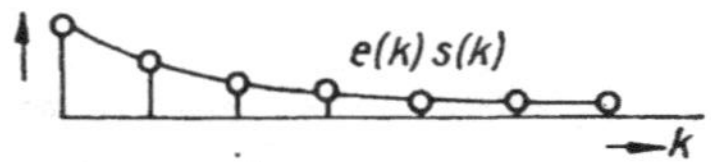
Endliche Folge	gleichzeitig rechts- und linksseitig	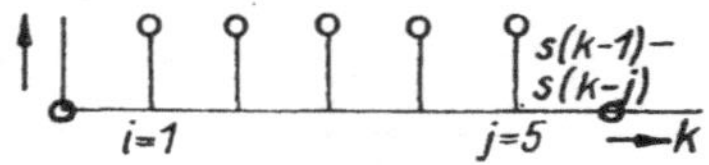

Im Bildbereich gehören dazu *p- bzw. z-kontinuierliche* Funktionen. Eine zusätzliche, sehr wesentliche Eigenschaft ist die *Periodizität* von $F(p)$ bzw. $F(j\omega)$ in den Bildfunktionen $F_*(p)$ und $F(z)$.
Zur Herleitung stützen wir uns auf Abb. 1.5 und auf die LAPLACE-Transformation. Abb. 1. 5a zeigt den Zu-

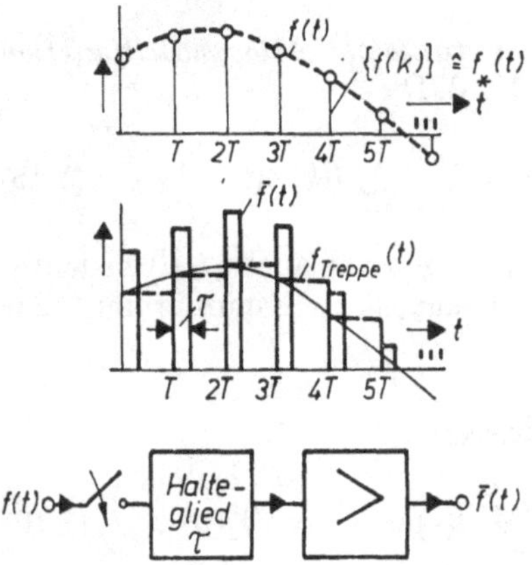

Abb. 1.5. Veranschaulichung zeitkontinuierlicher und zeitdiskreter Signale
a) $f(t)$ und zugehörige Folge $\{f(k)\}$
b) zugehörige $\bar{f}(t)$ (= Rechteckfolge $\{\bar{f}(k)\}$ mit der endlichen Impulsbreite τ) und $f_{\text{Treppe}}(t)$
c) Blockschaltbild einer technischen Einrichtung, die $\bar{f}(t)$ aus $f(t)$ erzeugt.

sammenhang zwischen analoger $f(t)$ und wertkontinuierlicher Folge $\{f(k)\}$. Damit die $\mathscr{L}$-Transformation anwendbar ist, rechnen wir als Zwischenstufe mit einer zeitdiskreten Hilfsfunktion $\bar{f}(t)$, die aus Rechteckimpulsen der Amplitude $Vf(k)$ und der Breite τ bestehen. Diesen in Abb. 1.5b skizzierten Sachverhalt können wir durch eine Einrichtung, wie in Abb. 1.5c gezeichnet, technisch realisieren. Formelmäßig gilt

$$\bar{f}(t) = V \sum_{k=0}^{\infty} f(k)\,[s(t-kT) - s(t-kT-\tau)] \qquad (1.14)$$

und im Spektralbereich

$$\mathscr{L}(\bar{f}(t)) = V \frac{1 - e^{-p}}{p} \sum_{k=0}^{\infty} f(k)\, e^{-pkT}. \qquad (1.14a)$$

Der Leser wolle bemerken, daß für

$\bar{f}(t)|_{V=1,\tau=T} = f_{\mathrm{Treppe}}(t)$ (gestrichelt in Abb. 1.5b) entsteht und daß

$\bar{f}(t)|_{V\to\infty,\tau\to 0,V=0}$ mit der *kausalen Abtastmodellfunktion* $f_*(t)$ identisch ist (Abb. 1.5a). Da

$$f_*(t) = f(t) \sum_{k=0}^{\infty} \delta(t - kT) = \sum_{k=0}^{\infty} f(k)\, \delta(t - kT) \qquad (1.15)$$

geschrieben werden kann, sagen wir auch: $f_*(t)$ bedeutet $f(t)$ moduliert mit dem kausalen Impulskamm oder DIRAC-*Puls* $\sum_{k=0}^{\infty} \delta(t - kT)$.

Schließlich ist es interessant,

$$\mathscr{L}(f_*(t)) = \sum_{k=0}^{\infty} f(k)\, e^{-kpT} = F_*(p) \qquad (1.16)$$

als wesentlichen Teil von $\mathscr{L}(\bar{f}(t))$ zu erkennen.
Formal einfacher gilt mit

$$z = e^{pT} \quad \text{oder} \quad p = \frac{1}{T} \ln z, \qquad (1.17)$$

daß eine Zeitfolge $\{f(k)\}$ umkehrbar eindeutig in eine Bildfunktion

$$F(z) = \sum_{k=0}^{\infty} f(k)\, z^{-k} = \mathscr{Z}(f(k)) \qquad (1.18)$$

im Konvergenzgebiet $r > r_0$ (r_0 = Konvergenzabszisse) überführt werden kann. (1.18) bezeichnen wir als (einseitige) *$\mathscr{Z}$-Transformation.* Es ist ein (vergleichsweise einfacher) algebraischer Ausdruck und repräsentiert eine spezielle Reihe mit absteigenden Potenzen von z. $F(z)$ existiert i.. a. in einem Konvergenzgebiet außerhalb eines Mittelpunktkreises mit dem Radius r_0.

Praktisch beinhaltet $\mathscr{Z}(f(k))$ bereits die Rücktransformation, da die Koeffizienten der LAURENT-Reihe schon die gesuchten $f(k)$ darstellen.

Für den praktischen Gebrauch sind Rechenregeln (Tafel A 1.1) und Korrespondenzen (Tafel A 1.2) zusammengestellt. Damit können für die meisten Anwendungen Bildfunktionen aus den Folgen und umgekehrt gefunden werden. Ergänzend sei vermerkt, daß bei gebrochen rationalen $F(z) = \frac{Z(z)}{N(z)}$ auch bei nicht bekannten Nullstellen von $N(z)$ die zugehörigen $f(k)$ nicht allgemein, aber für beliebig viele k durch Division von $Z(z)$ durch $N(z)$ gefunden werden können (s. a. Formel (2.38)).

Eine weitere Darstellung für $F_*(p)$ und damit für (1.16) erhalten wir durch das Einsetzen des rechten Terms von

$$\delta_T(t) = \sum_{k=0}^{\infty} \delta(t - kT) = \frac{1}{T} \sum_{n=-\infty}^{\infty} e^{jn\omega_A t} \tag{1.19}$$

in (1.15) und anschließende $\mathscr{L}$-Transformation, d. h.

$$\begin{aligned} F_*(p) &= \frac{1}{T} \sum_{n=-\infty}^{\infty} \int_0^{\infty} f(t)\, e^{-(p-jn\omega_A)t} \\ &= \frac{1}{T} \sum_{n=-\infty}^{\infty} F(p - jk\omega_A) + \frac{1}{2} f(+0)\,. \end{aligned} \tag{1.20}$$

$\frac{1}{2} f(+0)$ wurde hinzugefügt, damit bei $t = 0$ „abgeschnittene Zeitfunktionen" einbezogen werden können. (1.20) verdeutlicht die periodischen Eigenschaften evident, da eine „Überlagerungsform" vorliegt. Praktischer, weil meßtechnisch verifizierbar, ist das Rechnen mit dem Frequenzgang $F(j\omega)$, der durch die Substitution von $p = j\omega$ aus $F(p)$ entsteht. Damit geht (1.20) über in

$$F_*(\omega) = \frac{1}{T} \left[\sum_{n=-\infty}^{\infty} Fj(\omega - n\omega_A) \right] + \frac{1}{2} f(+0)\,. \tag{1.20a}$$

Tafel A 1.1

Rechenregeln für die $\mathscr{Z}$-Transformation

Bezeichnung	Original- oder Folgenbereich	Bildbereich
Definition	$\{f(k)\} = (f(0), f(1), f(2) \ldots)'$ mit $k = 0, 1, 2, \ldots$	$F(z) = \sum_{k=0}^{\infty} f(k)\, z^{-k}$ $= f(0) + f(1)\, z^{-1} + f(2)\, z^{-2} + \cdots$
Verschiebung nach rechts	$\{f(k - i)\} = (0, 0, \ldots, 0, f(0), f(1), f(2), \ldots)'$ mit $i > 0$	$z^{-i} F(z)$
Verschiebung nach links	$\{f(k + i)\} = (f(i), f(i + 1), f(i + 2), \ldots)'$ mit $i > 0$	$z^{i} \left[F(z) - \sum_{k=0}^{i-1} f(k)\, z^{-k}\right]$
Untere Differenz	$\{f(k) - f(k - 1)\} = (f(0), f(1) - f(0), f(2) - f(1), \ldots)'$	$(1 - z^{-1})\, F(z)$
Obere Differenz	$\{f(k + 1) - f(k)\} = (f(1) - f(0), f(2) - f(1), f(3) - f(2), \ldots)'$	$(z - 1)\, F(z)$
Summation (bis $k - 1$)	$\sum_{i=0}^{k-1} f(i) = (f(0), f(0) + f(1), f(0) + f(1) + f(2), \ldots)'$	$\frac{1}{z - 1} F(z)$
Summation (bis k)	$\sum_{i=0}^{k} f(i)$	$\frac{z}{z - 1} F(z)$
Dämpfung	$\{f(k)\, e^{-\alpha k}\} = (f(0), f(1)\, e^{-\alpha}, f(2)\, e^{-2\alpha}, \ldots)'$ mit α beliebig komplex	$F(z\, e^{\alpha})$

Differentiation im Bildbereich (mit Vorfaktoren)	$\{kf(k)\} = (0, f(1), 2f(2), 3f(3), \ldots)'$ $\{k^i f(k)\} = (0, 1^i f(1), 2^i f(2), 3^i f(3), \ldots)'$	$-z \frac{\mathrm{d}}{\mathrm{d}z} F(z) = -zF'(z)$ $(-1)^i \frac{\mathrm{d}^i}{\mathrm{d}z^i} F(z) = (-1)^i F^{(i)}(z)$
Differentiation im Bildbereich (ohne Vorfaktoren)	$\{-(k-1) f(k-1)\} = (0, 0, -f(1), -2f(2), -3f(3), \ldots)'$ $\{(-1)^i (k-1)(k-2), \ldots, (k-i) f(k-i)\}$	$\frac{\mathrm{d}F(z)}{\mathrm{d}z} = F'(z)$ $\frac{\mathrm{d}^i}{\mathrm{d}z^i} F(z) = F^{(i)}(z)$
Faltung im Folgenbereich	$f(k) * g(k) = \sum_{i=0}^{k} f(i)\, g(k-i) = \sum_{i=0}^{k} f(k-i)\, g(i)$	$F(z) \cdot G(z)$
Folgenprodukt (= Faltung im Bildbereich)	$f(k) \cdot g(k)$	$\frac{1}{2\pi j} \oint_C F(\xi)\, G\left(\frac{z}{\xi}\right) \frac{\mathrm{d}z}{\xi}$ C umfaßt Pole von F und schließt die Pole von $G\left(\frac{z}{\xi}\right)$ aus
Inverse $\mathscr{Z}$-Transformation	$f(k) = \mathscr{Z}^{-1}\{F(z)\} = \begin{cases} \frac{1}{2\pi j} \oint F(z)\, z^{k-2}\, \mathrm{d}z, & k \geqq 0 \\ 0 \text{ für } & k < 0 \end{cases}$ Integration im Konvergenzgebiet von $F(z)$	$F(z)$
Grenzwerte	$\lim_{k \to 0} f(k)$ $\lim_{k \to \infty} f(k)$	$\lim_{z \to \infty} F(z)$ $\lim_{z \to +1} F(z)$

Tafel A 1.2

Korrespondenzen der $\mathscr{Z}$-Transformation

Folgen $\{f(k)\} = (f(0), f(1), f(2), \ldots)$	$\mathscr{Z}$-Transformierte $F(z) = f(0) + f(1)\,z^{-1} + f(2)\,z^{-2} + \ldots$
$\{\delta(k)\} = (1, 0, 0, 0, \ldots)'$	1
$\{\delta(k-i)\} = (0, 0, \ldots, 0, 1, 0, 0, \ldots)'$	z^{-i}
$\{s(k)\} = (1, 1, 1, 1, \ldots)'$	$\dfrac{z}{z-1}$
$\{k\} = (0, 1, 2, 3, \ldots)'$	$\dfrac{z}{(z-1)^2}$
$\{k^2\} = (0, 1, 4, 9, \ldots)'$	$\dfrac{z(z+1)}{(z-1)^3}$
$\{e^{-k\alpha}\} = (1, e^{-\alpha}, e^{-2\alpha}, e^{-3\alpha}, \ldots)'$ α beliebig komplex	$\dfrac{z}{z-e^{-\alpha}}$
$\{a^k\} = (1, a, a^2, a^3, \ldots)'$	$\dfrac{z}{z-a}$
$\{ka^k\} = (0, a, 2a^3, 3a^3, \ldots)'$	$\dfrac{az}{(z-a)^2}$

$\{k^3a^k\} = (0, 1^2a, 2^2a^2, 3^2a^2, \ldots)'$	$\dfrac{az(z+a)}{(z-a)^3}$
$\left\{\binom{i}{k}\right\} = \left[\binom{i}{0}, \binom{i}{1}, \binom{i}{2}, \ldots, \binom{i}{i}, 0, 0, \ldots\right]'$	$(1 - z^{-1})^i$
$\left\{\binom{k}{i}\right\} = \left[\binom{0}{i}, \binom{1}{i}, \ldots, \binom{i-1}{i}, \binom{i}{i}, \binom{i+1}{i}, \ldots\right]'$	$\dfrac{z}{(z-1)^{i+1}}$
$\{a^k \sin \alpha k\} = (0, a \sin \alpha, a^2 \sin 2\alpha, a^3 \sin 3\alpha, \ldots)'$	$\dfrac{az \sin \alpha}{z^2 - 2az \cos \alpha + a^2}$
$\{a^k \cos \alpha k\} = (1, a \cos \alpha, a^2 \cos 2\alpha, a^3 \cos 3\alpha, \ldots)'$	$\dfrac{z(z - \cos \alpha)}{z^2 + 2az \cos \alpha + a^2}$
$\{\sin(\alpha k + \varphi)\} = (\sin \varphi, \sin(\alpha + \varphi), \sin(2\alpha + \varphi), \ldots)'$	$z \dfrac{z \sin \varphi + \sin(\alpha - \varphi)}{z^2 - 2z \cos \alpha + 1}$
$\{\cos(\alpha k + \varphi)\} = (\cos \varphi, \cos(\alpha + \varphi), \cos(2\alpha + \varphi), \ldots)'$	$z \dfrac{\cos \varphi - \cos(\alpha - \varphi)}{z^2 + 2z \cos \alpha + 1}$
$\{a^k \sinh \alpha k\} = (0, a \sinh \alpha, a^2 \sinh 2a, a^3 \sinh 3\alpha, \ldots)'$	$\dfrac{az \sinh \alpha}{z^2 + 2az \cosh \alpha + a^2}$
$\{a^k \cosh \alpha k\} = (1, a \cosh \alpha, a^2 \cosh 2\alpha, a^3 \cosh 3\alpha, \ldots)'$	$\dfrac{z(z - a \cosh \alpha)}{z^2 - 2az \cosh \alpha + a^2}$

Tafel A 1.2 (Fortsetzung)

Folgen $\{f(k)\} = (f(0), f(1), f(2), \ldots)$	$\mathscr{Z}$-Transformierte $F(z) = f(0) + f(1)\,z^{-1} + f(2)\,z^{-2} + \cdots$
$\{\cos(k \cos^{-1} x)\}$[1] $= (1, x, -1 + 2x^2, -3 + 4x^3, \ldots)'$	$\dfrac{z(z - x)}{z^2 - 2xz + 1}$
$\left\{\dfrac{1}{k}\right\} = \left(1, 1, \dfrac{1}{2}, \dfrac{1}{3}, \ldots\right)'$ mit $f(0) = 1$	$\lg \dfrac{1}{z - 1}$
$\left\{\dfrac{1}{k!}\,a^k\right\} = \left(1, a, \dfrac{a^2}{1 \cdot 2}, \dfrac{a^3}{1 \cdot 2 \cdot 3}, \ldots\right)'$	$e^{\frac{a}{z}}$

[1]) bekannt als Tschebyscheff-Funktion 1. Art (s. WTB-Bd. 209, Abschnitt 2.2.)

Damit ist der Anschluß an die Aussagen des Abschnitts 1.1. hergestellt. ((1.1) und (1.20a) stimmen überein, wenn von der schon erwähnten Vorfaktor-Modifikation und dem Ergänzungsglied bei kausalen Zeitfunktionen abgesehen wird.) Die Abb. 1.6 veranschaulicht den

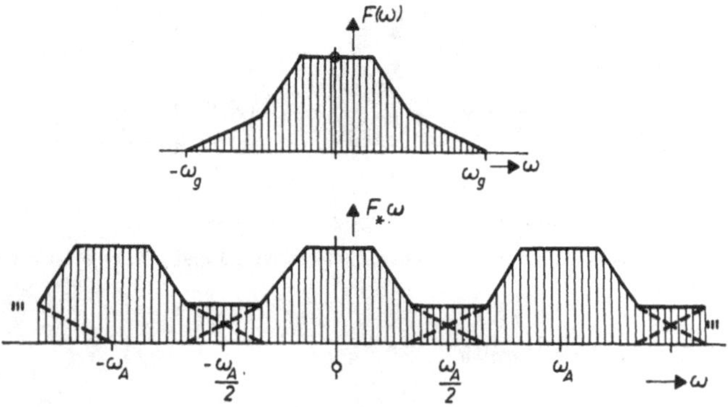

Abb. 1.6. (Symbolische) Veranschaulichung des Überlagerungssatzes der $\mathcal{F}$-Transformation bzw. des Zustandekommens von Überlappungsfehlern.

a) bandbegrenztes $F(\omega)$

b) frequenzperiodisches $F_*(\omega)$ bei $\omega_g \leqq \frac{\omega_A}{2}$, d. h. Verletzung des Abtasttheorems

Sachverhalt, und es ist daraus abzulesen, daß nur frequenzbandbegrenzte $f(t)$ mit der Bedingung (1.8) ohne Fehler „zeitdiskret" (und damit frequenzperiodisch) beschrieben werden können.

In Abb. 1.7 sind schematisch und ergänzt durch verbale und formelmäßige Hinweise die Verknüpfungen ausgewiesen. Tatsächlich werden wir dabei von den Beziehungen Gebrauch machen, die unkompliziert zum Ziel führen. So können wir z. B. rasch jede $f(t)$ in eine Folge $\{f(k)\}$ umsetzen oder mit Hilfe der Residuensätze aus einem bekannten $F(p)$ das zuordbare $F(z)$ gewinnen. Für die $\mathcal{L}$- bzw. $\mathcal{Z}$-Transformationen kommen wir in Regelfällen mit Korrespondenztafeln aus.

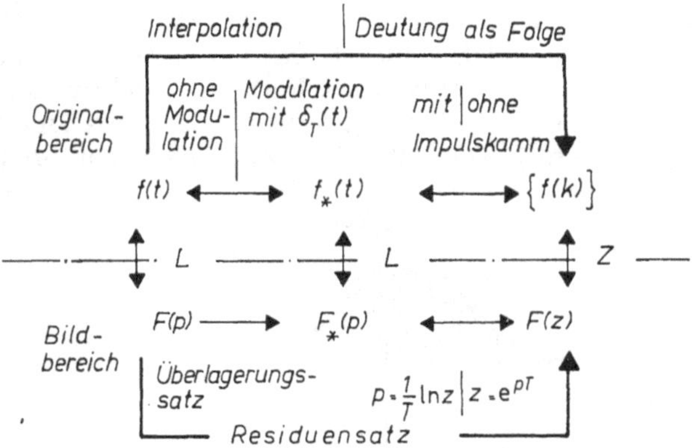

Abb. 1.7. Schema der Querverbindungen zwischen $\mathcal{L}$- und $\mathcal{Z}$-Transformation

1.3. *Finite Signale*

1.3.1. *Beschreibung zeit- und frequenzdiskreter Signale*

Ausgehend von den besprochenen Fällen

— zeitperiodisches (kontinuierliches) Signal (Tafel 1.2, Abbildungen obere Zeile) und
— zeitdiskretes (oder abgetastetes) Signal (Tafel 1.2, Abbildungen mittlere Zeile)

erkennen wir als weitere, speziellere Möglichkeit das *finite Signal* (Tafel 1.2, Abbildungen untere Zeile). Es ist gekennzeichnet durch zeit- *und* frequenzdiskretes Verhalten mit *endlich* vielen Abtastwerten.

Formelmäßig ist es zweckmäßig, sowohl „*Überlagerungsformen*“ als auch „*Exponentialformen*“ zu betrachten, und es wird sich zeigen, daß immer paarweise solche Terme entwickelt werden können. (Übergeordnetes Rechenhilfsmittel ist die Fourier-Transformation, die auf ein wert- und zeitkontinuierliches Impulssignal — d. h. ein energiebegrenztes Signal, damit liegt ein „einfacher Fall“ vor [*F 2*] — angewandt wird.)

Tafel 1.2

Vergleich der Beschreibungsformen für verschiedene Signalformen

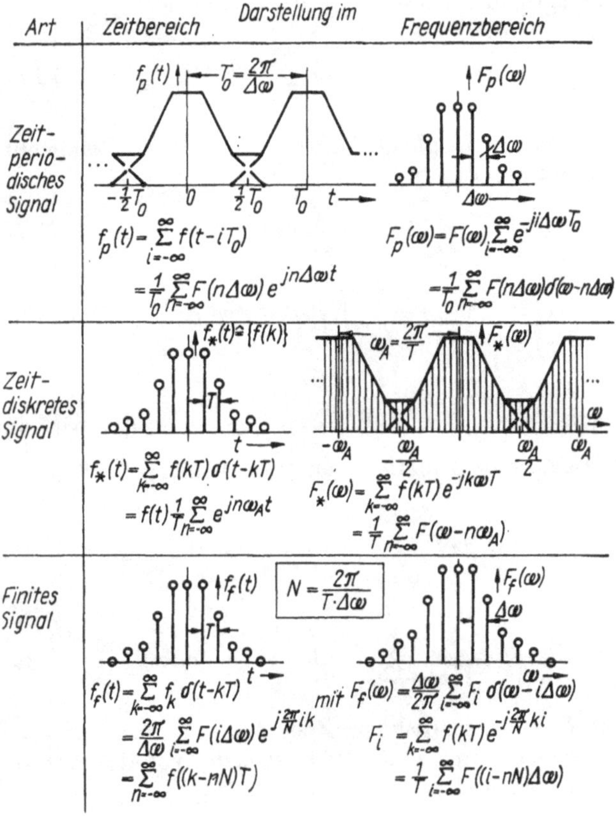

Im zeitperiodischen Fall gilt:

Ausgehend von der „Überlagerungsform"

$$f_p(t) = \sum_{i=-\infty}^{\infty} f(t - iT_0), \qquad (1.21)$$

finden wir $f(t) \leftrightarrow F(\omega) = \int\limits_{-\infty}^{\infty} f(t)\, \mathrm{e}^{-j\omega t}\, \mathrm{dt}$ durch gliedweise Transformation

$$F_p(\omega) = F(\omega) \sum_{i=-\infty}^{\infty} \mathrm{e}^{-jiT_0\Delta\omega}. \tag{1.21a}$$

Eine weitere Möglichkeit ist die FOURIER-Reihenentwicklung

$$f_p(t) = \sum_{n=-\infty}^{\infty} c_n\, \mathrm{e}^{jn\omega_0 t} \tag{1.22}$$

mit
$$c_n = \frac{1}{T_0} \int\limits_{T_0} f_p(t)\, \mathrm{e}^{-jn\omega_0 t}\, \mathrm{dt}, \tag{1.22a}$$

die mit $\omega_0 \triangleq \Delta\omega$ und $c_n = \dfrac{F(n\Delta\omega)}{T_0}$ – da wir die FOURIER-Transformation benutzen wollen – auf

$$f_p(t) = \frac{1}{T_0} \sum_{n=-\infty}^{\infty} F(n\omega_0)\, \mathrm{e}^{jn\Delta\omega t} \tag{1.23}$$

mit

$$F_p(\omega) = \frac{1}{T_0} \sum_{n=-\infty}^{\infty} F(n\Delta\omega)\, \delta(\omega - n\Delta\omega) \tag{1.23a}$$

führt. $F_p(\omega)$ ist ein diskretes Spektrum.

Im zeitdiskreten Fall gilt: Ausgehend von der Abtastmodellfunktion

$$f_*(t) = \sum_{k=-\infty}^{\infty} f(kT)\, \delta(t - kT), \tag{1.15}$$

finden wir durch direkte Transformation

$$F_*(\omega) = \sum_{k=-\infty}^{\infty} f(kT)\, \mathrm{e}^{-jk\omega T}. \tag{1.24}$$

Eine weitere Möglichkeit ist durch die Impulskamm-äquivalenz

$$\delta_T(t) = \sum_{n=-\infty}^{\infty} \delta(t - kT) = \frac{1}{T} \sum_{k=-\infty}^{\infty} e^{jn\omega_A t} \tag{1.19}$$

mit

$$\omega_A = \frac{2\pi}{T} \tag{1.2}$$

gegeben. Damit gehört zu

$$f_*(t) = f(t) \frac{1}{T} \sum_{n=-\infty}^{\infty} e^{jn\omega_A t} \tag{1.25}$$

die Transformierte

$$F_*(\omega) = \frac{1}{T} \sum_{n=-\infty}^{\infty} F(\omega - n\omega_A). \tag{1.25a}$$

(1.25a) zeigt ganz evident, daß nur „bandbegrenzte“ $F(\omega)$ mit $F(\omega) = 0$ für $|\omega| \geqq \frac{\omega_A}{2}$ ohne „Überlappungsfehler“ aus $F_*(\omega)$ rekonstruiert werden können. Durch hinreichend kleine Taktzeiten T können aber solche Fehler beliebig klein gehalten werden.

Im finiten Fall gilt: Auch hier existieren jeweils zwei Darstellungsvarianten. Hinsichtlich der Problemlösung können wir

— entweder f_f zeitlich abtasten und F_f periodisch fortsetzen, das würde

$$f_f(t) \sum_{k=-\infty}^{\infty} f_k \delta(t - kT) \tag{1.26}$$

mit

$$f_k = \frac{1}{T_0} \sum_{i=-\infty}^{\infty} F(i\Delta\omega)\, e^{j\frac{2\pi}{N}ki} \tag{1.26a}$$

$$= \sum_{n=-\infty}^{\infty} f\big((k - nN)\,\Delta\omega\big) \tag{1.26b}$$

bedingen,

– oder F_f frequenzmäßig abtasten und f_f periodisch fortsetzen, das würde

$$F_f(\omega) = \frac{1}{T_0} \sum_{i=-\infty}^{\infty} F_i \delta(\omega - i\Delta\omega) \tag{1.27}$$

mit

$$F_i = \sum_{i=-\infty}^{\infty} f(kT)\, \mathrm{e}^{-j\frac{2\pi}{N}ki} \tag{1.27a}$$

$$= \frac{1}{T} \sum_{n=-\infty}^{\infty} F\big((i - nN)\, \Delta\omega\big) \tag{1.27b}$$

bedeuten.
Dabei ist

$$N \cdot \Delta\omega \cdot T = 2\pi \tag{1.28}$$

zu wählen, damit die Abtastimpulse bei der periodischen Fortsetzung in das gleiche Raster fallen. N ist sowohl die *endliche* Anzahl der Abtastwerte in einer Zeitperiode $T_0 = NT$ als auch die *endliche* Anzahl der Abtastwerte in einer Frequenzperiode $N \cdot \Delta\omega$. Die entwickelten Relationen sind nochmals bei den einzelnen Signalformen in Tafel 1.2 notiert. Insbesondere sind danach die Koeffizienten f_k bzw. F_i eines finiten Signals mit unendlichen Reihen aus der ursprünglichen kontinuierlichen Zeit- bzw. Frequenzfunktion zu berechnen, und Überlappungen werden berücksichtigt.
Diese zeit- und frequenzdiskrete Signalbeschreibung ist in besonderer Weise für die Programmierung auf Digitalrechnern zugeschnitten. Sie gewinnt deshalb zunehmend an Bedeutung. Herausragend sind die Zusammenhänge

$$f_k \rightleftarrows F_i, \tag{1.29}$$

die, wie im nächsten Abschnitt gezeigt wird, jeweils durch eine *endliche* Summe gegeben sind.

1.3.2. Diskrete $\mathcal{F}$-Transformation

Das Kernproblem der finiten Signalbeschreibung im Zeit- und Frequenzbereich ist die praktikable Auswertung von (1.29). Insbesondere sind die zugehörigen Signalvektoren *endlich*, und auch die Operationen bei der Signalübertragung – periodische Gewichtsfolgen vorausgesetzt — sind finiter Art.

Im einzelnen gilt für (1.29): Wenn wir $(i - n)$ statt i in (1.26a) substituieren, so erhalten wir die Doppelsummendarstellung

$$f_k = \frac{1}{T_0} \sum_{i=0}^{N-1} \sum_{n=-\infty}^{\infty} F(i - nN)\, e^{j\frac{2\pi}{N}(i-nN)k} \tag{1.30}$$

Für den darin vorkommenden Exponentialfaktor können wir schreiben

$$e^{j\frac{2\pi}{N}(i-nN)k} = e^{j\frac{2\pi}{N}ik}\, e^{-j2\pi nk} = e^{j\frac{2\pi}{N}ik}, \tag{1.30a}$$

da n und k ganze Zahlen sind, d. h. (1.30a) ist unabhängig von n, und durch Einsetzen von (1.27b) in (1.30) erhalten wir

$$f_k = \frac{T}{T_0} \sum_{i=0}^{N-2} F_i\, e^{j\frac{2\pi}{N}ik}, \tag{1.30b}$$

d. h. eine *endliche* Summendarstellung. Eine analoge Prozedur ergibt für (1.27a) eine entsprechende Form. In der Schreibweise

$$f_k = \frac{1}{N} \sum_{i=0}^{N-1} F_i\, e^{j\frac{2\pi}{N}ik}, \tag{1.31}$$

$$F_i = \sum_{i=0}^{N-1} f_k\, e^{-j\frac{2\pi}{N}ki} \tag{1.32}$$

sprechen wir von der *diskreten* FOURIER-*Transformation* (DFT), die wechselseitig eine endliche Anzahl N zeitlicher Abtastwerte (im Abstand T) mit der gleichen Anzahl

$$N = \frac{2\pi}{\Delta\omega \cdot T} \tag{1.28}$$

spektraler Abtastwerte (im Abstand $\Delta\omega$) verknüpft. Insgesamt bestimmen damit endlich viele Stützstellen, die sowohl im Zeit- als auch im Frequenzbereich periodisch mit N sind, das (finite) Signal. (In Analogie zu anderen Funktionaltransformationen repräsentiert (1.32) die Hintransformation oder DFT und (1.31) die Rücktransformation oder die inverse DFT, die wir deshalb symbolisch mit DFT^{-1} bezeichnen.

Die in den *Grundperioden* $0 \leqq k \leqq N - 1$ bzw. $0 \leqq i \leqq N - 1$ liegenden N Abtastwerte bilden die *Grundfolgen*

$$\{f_k\}_N = \left\{\sum_{n=-\infty}^{\infty} f((k - nN)\, T)\right\}_N, \quad k = 0(1) \dots (N-1), \tag{1.33}$$

bzw.

$$\{F_i\}_N = \left\{\sum_{n=-\infty}^{\infty} F((i - nN)\, \Delta\omega)\right\}_N, \quad i = 0(1) \dots (N-1). \tag{1.34}$$

Abb. 1.8 veranschaulicht die zugehörigen Zusammenhänge für $N = 8$. Wie schon in Abschn. 1.2.1. betont,

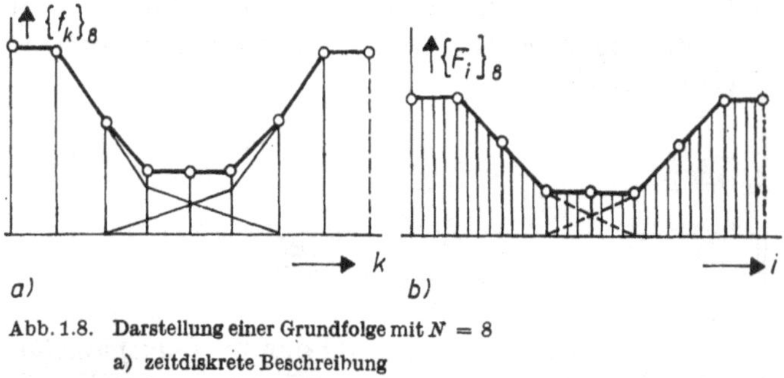

Abb. 1.8. **Darstellung einer Grundfolge mit $N = 8$**
a) **zeitdiskrete Beschreibung**
b) **frequenzdiskrete Beschreibung**

kann

- durch Verkleinerung von T die spektrale Überlappung vermindert oder ganz eliminiert – beim Wirksamwerden des zeitlichen Abtasttheorems – werden oder/und
- durch Verkleinerung von $\Delta\omega$ die zeitliche Überlappung vermindert oder ganz eliminiert – beim Wirksamwerden des spektralen Abtasttheorems – werden.

Beide Maßnahmen bedingen gemäß (1.28) eine Vergrößerung von N. Wenn die Abtasttheoreme exakt erfüllt sind, gelten die Identitäten

$$\{f_k\}_N = \{f(kT)\} = \{f(k)\}, \quad k = 0(1) \dots N-1, \tag{1.33a}$$

$$\{F_i\}_N = \frac{1}{T}\{F(i\Delta\omega)\}, \qquad i = 0(1) \dots N-1. \tag{1.34a}$$

Bezüglich des kontinuierlichen Signals gilt die Zuordnung:

In den unteren Indexbereich $0 \leqq k$ bzw. $i \leqq \frac{N}{2}$ fallen die Abtastwerte

des positiven Zeitintervalls $0 \leqq t \leqq \frac{NT}{2}$ bzw. Frequenzintervalls $0 < \omega < \frac{N\omega}{2}$, und

in den oberen Indexbereich $\frac{N}{2} \leqq k$ bzw. $i \leqq N-1$ fallen

die Abtastwerte des negativen Zeitintervalls $-\frac{NT}{2} \leqq t \leqq 0$

bzw. Frequenzintervalls $-\frac{N\Delta\omega}{2} \leqq \Delta\omega \leqq 0$.

Bei guter Erfüllung der Abtasttheoreme treten in der Nähe von $\frac{N}{2}$ nur kleine Werte für f_k bzw. F_i auf.

Bei reellen Zeitfunktionen (unser Vorzugsfall) existieren N Bestimmungsgrößen im Zeitbereich und wegen

$$F_{N-i} = F_i^* \tag{1.34b}$$

auch im Frequenzbereich. Bei geraden $f(t)$ und damit auch geraden reellen $F(\omega)$ sind die Grundfolgen gerade bezüglich $\frac{N}{2}$, bei ungeraden $f(t)$ und damit rein imaginären $F(\omega)$ sind sie bezüglich $\frac{N}{2}$ ungerade.

Kausale reelle Zeitfunktionen haben bei erfülltem zeitlichem Abtasttheorem $\frac{N}{2}$ Bestimmungsgrößen. (Das gilt auch im Spektralbereich, da sich zunächst die N komplexen Werte wegen (1.23) auf $\frac{N}{2}$ komplexe Werte reduzieren.) Maßgebend sind aber schließlich nur $\frac{N}{2}$ reelle Größen, weil durch die HILBERT-Transfornation (s. I, Abschn. 2.8.) Real- und Imaginärteil gesetzmäßig verknüpft sind.

Querverbindung zur $\mathscr{Z}$-Transformation

Die $\mathscr{Z}$-Transformierte der Grundfolge (1.21) lautet

$$F_N(z) \sum_{k=0}^{N-1} f_k z^{-k} = \sum_{k=0}^{N-1} z^{-k} \sum_{n=-\infty}^{\infty} f\big((k - nN)\,T\big), \tag{1.35}$$

d. h., es ist — wie erwartet — eine *endliche* Summe mit fallenden Potenzen von z. $F_N(z)$ hat nur Pole im Inneren des Einheitskreises, da das kontinuierliche Bezugssignal energiebegrenzt, d. h. ohne stationäre Komponenten, angenommen wurde.

Den speziellen diskreten Frequenzpunkten $\omega = i\Delta\omega$ entsprechen nach (1.17) und (1.28) die Werte

$$z_i = e^{ji\Delta\omega T} = e^{j\frac{2\pi}{N}i}. \tag{1.35a}$$

Für ein allgemeines (d. h. nichtkausales) analoges $f(t)$ heißt die *zweiseitige $\mathcal{Z}$-Transformierte*

$$F(z) = \sum_{k=-\infty}^{\infty} f(kT)\, z^{-k}, \tag{1.36}$$

d. h., es ist eine unendliche Summe mit steigenden und fallenden Potenzen von z. (Dieser erweiterte Aspekt ist hier vorübergehend angebracht, da wir den Bezug auf die universelle und symmetrische FT nicht verlieren wollen.) Die $\mathcal{Z}$-Transformierten der Grundfolge $\{f_k\}_N$ bzw. der $\{f(k)\}$ errechnen sich bei $z = z_i$ zu

$$F_N(z_i) = \sum_{k=0}^{N-1} \sum_{n=-\infty}^{\infty} f\big((k - nN)\, T\big)\, \mathrm{e}^{j\frac{2\pi}{N} ik}, \tag{1.34c}$$

$$F(z_i) = \sum_{k=-\infty}^{\infty} f(kT)\, \mathrm{e}^{j\frac{2\pi}{N} ik}. \tag{1.36a}$$

Ersetzen wir in (1.36a) k durch $(k - n)$, so erhalten wir — in einer (1.30), (1.30a) und (1.30b) entsprechenden Weise — die Doppelsumme

$$F(z_i) = \sum_{k=0}^{N-1} \sum_{n=-\infty}^{\infty} f\big((k - nN)\, \mathrm{e}^{j\frac{2\pi}{N} ik}. \tag{1.36b}$$

Die Übereinstimmung mit (1.34c) liefert die Identität

$$F_i = F_N(z_i) = F(z_i) = F_*(i\, \Delta\omega), \tag{1.37}$$

wenn wir noch $F_*(i\Delta\omega)$, entstanden aus (1.24) mit $\omega = i\Delta\omega$, mit einbeziehen, d. h. in Worten:

> Die spektralen Abtastwerte F_i der Grundfolge eines finiten Signals sind identisch mit der $\mathcal{Z}$-Transformierten des zugehörigen kontinuierlichen Bezugssignals bei den *diskreten* $z_i = \mathrm{e}^{j\frac{2\pi}{N} i}$.

Damit leisten die tabellierten Korrespondenzen in praktischen Anwendungen oft wertvolle Hilfe.

Beschreibung durch (endliche) Matrizen

Da finite Signale durch eine endliche Anzahl (reeller oder komplexer) diskreter Werte charakterisiert sind, bieten sich Vektor- und Matrizendarstellungen als Hilfsmittel an. Mit den Spaltenvektoren des finiten Signals

$$\boldsymbol{f} = \{f(k)\}_N' = (f_0, f_1, f_2, \ldots, f_{N-1})' \tag{1.38}$$

im Zeitbereich und

$$\boldsymbol{F} = \{F_i\}_N' = (F_0, F_1, F_2, \ldots, F_{N-1})' \tag{1.39}$$

im Frequenzbereich

gilt in Matrizenschreibweise für (1.31) und (1.32)

$$\boldsymbol{f} = \boldsymbol{F}_D^{-1}\boldsymbol{F} \quad \text{oder} \quad \boldsymbol{F} = \boldsymbol{F}_D\boldsymbol{f}. \tag{1.39}$$

Dabei sind die FOURIER-*Matrix* $\boldsymbol{F}_D$ festgelegt durch

$$\boldsymbol{F}_D = (\varepsilon^{-ik}) = \begin{pmatrix} 1 & 1 & 1 & \ldots & 1 \\ 1 & \varepsilon^{-1} & \varepsilon^{-2} & \ldots & \varepsilon^{-(N-1)} \\ 1 & \varepsilon^{-2} & \varepsilon^{-4} & \ldots & \varepsilon^{-2(N-1)} \\ \vdots & \vdots & \vdots & \vdots & \vdots \\ 1 & \varepsilon^{-(N-1)} & \varepsilon^{-2(N-1)} & \ldots & \varepsilon^{-(N-1)^2} \end{pmatrix} \tag{1.39a}$$

und die inverse FOURIER-Matrix $\boldsymbol{F}_D^{-1}$ durch

$$\boldsymbol{F}_D^{-1} = \frac{1}{N}(\varepsilon^{+ik}) = \begin{pmatrix} 1 & 1 & 1 & \ldots & 1 \\ 1 & \varepsilon^{1} & \varepsilon^{2} & \ldots & \varepsilon^{(N-1)} \\ 1 & \varepsilon^{2} & \varepsilon^{4} & \ldots & \varepsilon^{2(N-1)} \\ \vdots & \vdots & \vdots & \vdots & \vdots \\ 1 & \varepsilon^{(N-1)} & \varepsilon^{2(N-1)} & \ldots & \varepsilon^{(N-1)^2} \end{pmatrix}. \tag{1.39b}$$

(1.39a) und (1.39b) sind insbesondere quadratisch und symmetrisch zur Hauptdiagonalen. Ihr Produkt ist die

Einheitsmatrix. Die Substitution

$$\varepsilon = e^{j\frac{2\pi}{N}} \tag{1.39c}$$

vereinfacht die Schreibweise. Speziell gilt auch

$$1 + \varepsilon + \varepsilon^2 + \cdots + \varepsilon^{N-1} = 0 \tag{1.39d}$$

und

$$\varepsilon^N = 1\,. \tag{1.39e}$$

Abschließend sei auf die Verwandtschaft der diskreten Funktionaltransformationen in einer Zusammenfassung aufmerksam gemacht. Wenn wir uns auf die „meßtechnisch" nachprüfbaren Frequenzdarstellungen konzentrieren — damit scheiden die $\mathscr{L}$- und die infinitive $\mathscr{Z}$-Transformation mit komplexen Frequenzen aus — gelten die in Tafel 1.3 genannten Merkmale, die wir durch Deutung der Gesetze für das Zeitquant T bw. für das Quant der Kreisfrequenz $\Delta\omega$ erläutern. Danach werden

— zeitdiskrete Signale gleichwertig durch eine $\mathscr{F}$-Entwicklung einer periodischen $F_*(\omega)$ oder durch infinite (zweiseitige) $\mathscr{Z}$-Transformation bei reellen Frequenzen und

— finite Signale gleichwertig durch die DFT oder durch eine finite (einseitige) $\mathscr{Z}$-Transformation bei diskreten reellen Frequenzen beschrieben. (Absichtlich ist Tafel 1.3 auf die Darstellungen in Tafel 1.2 abgestimmt.)

1.3.3. *Schnelle $\mathscr{F}$-Transformation*

Bei der DFT sind N^2 Einzelmultiplikationen bei der numerischen Auswertung erforderlich. Da sich aber die $\boldsymbol{F}$-Matrix für

$$N = 2^r, \quad r = \text{ganze Zahl}, \tag{1.40}$$

in ein Produkt von

$$r = \operatorname{ld} N \quad \text{Teilmatrizen } \boldsymbol{T}_\varrho, \quad \varrho = 1(1)\ldots r, \tag{1.40a}$$

Tafel 1.3
Verwandtschaft der Transformationen im Überblick

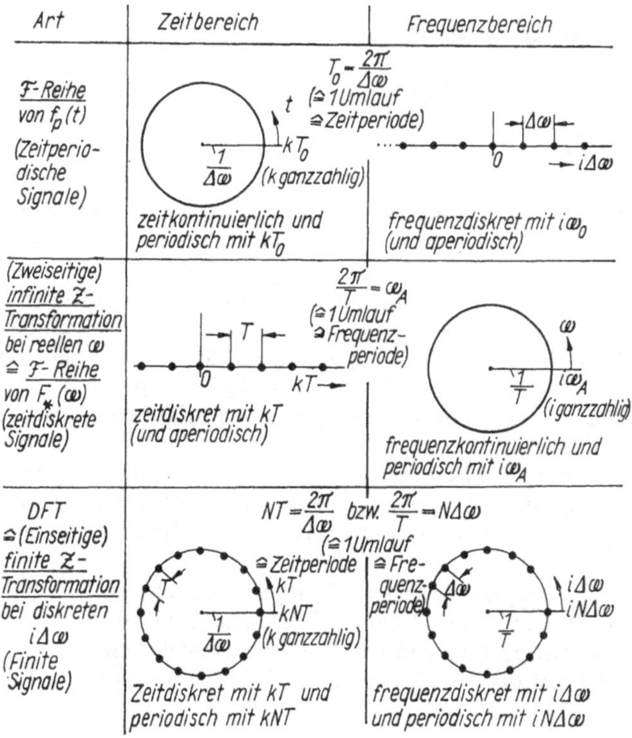

mit vielen Nullen zerlegen läßt, haben zuerst Cooley und Tukey [C 12] gezeigt, daß man mit

$$2\,N \operatorname{ld} N \qquad (1.40\text{b})$$

Einzelmultiplikationen auskommt. Dieser Algorithmus ist als *Schnelle* $\mathcal{F}$*-Transformation* (oder FFT = Fast-

Fourier-Transformation) bekannt. Aus dem Vergleich

	N	$2^2 = 4$	$2^3 = 8$	$2^4 = 64$	$2^{10} = 1024$
DFT	N^2	16	64	256	1048576
FFT	$2N \operatorname{ld} N$	16	48	128	20480

erkennen wir, daß ab etwa $N > 200$ damit erheblich kürzere Rechenzeiten erzielt werden, z. B. beträgt der Reduktionsfaktor $\approx \frac{1}{50}$ bei $N = 1024$. Die Teilmatrizen $\boldsymbol{T}_\varrho$ können aufgrund der speziellen Struktur der $\boldsymbol{F}$-Matrix so aufgebaut werden, daß in jeder Spalte nur 2 von Null verschiedene Elemente vorkommen. Für die Rücktransformation (1.39) würde z. B. gelten

$$Nf = (\varepsilon^{ki})\,\boldsymbol{F} = \boldsymbol{T}_{N-1} \cdot \boldsymbol{T}_{N-2} \cdots \boldsymbol{T}_2 \cdot \boldsymbol{T}_1 \cdot \boldsymbol{T}_s \cdot \boldsymbol{F}, \quad (1.41)$$

wobei $\boldsymbol{T}_s$ eine Sortiermatrix mit nur einem 1 Element pro Spalte darstellt, da durch die Zerlegung (1.40a) i. a. die Elemente der $\mathscr{F}$-Transformierten nicht in der Reihenfolge 0, 1, 2, ..., $N - 1$ errechnet werden. Die zu (1.41) notwendigen Rechenoperationen lassen sich übersichtlich in Signalflußdiagrammen veranschaulichen. In Tafel 1.4 wird die Matrizenschreibweise für DFT und FFT am Beispiel $N = 8$ erläutert.

Es existiert eine umfangreiche Spezialliteratur über die FFT, z. B. verweisen wir auf [B 3], [L 2], [T 11]. Neuerdings sind wesentliche Erweiterungen gefunden worden. Anstelle des finiten reellen Zahlenkörpers werden besonders vorteilhafte finite Zahlensysteme mit arteigenen Operationen verwendet. Eine besondere Rolle spielen *Restklassensysteme*, bei denen die komplexe N-te Einheitswurzel in eine reelle ganze Zahl übergeht. Bei sog. Fermat-Ringen sogar nur in die Zahl 2. Dadurch wird die übliche Arithmetik durch die Restklassenarithmetik abgelöst. Die bei der $\mathscr{Z}$-Transformation vor-

Tafel 1.4

Matrizendarstellung der DFT und FFT, erläutert am Beispiel $N = 8$

DFT-Form:

Allgemeine Formulierung $\boldsymbol{F}_l = \mathrm{DFT}(f_k) \triangleq \boldsymbol{F}_l = \boldsymbol{F}_D \cdot f_k$

Ausführliche Darstellung und anschauliche Deutung für $N = 8$

$$\begin{pmatrix} F_0 \\ F_1 \\ F_2 \\ F_3 \\ F_4 \\ F_5 \\ F_6 \\ F_7 \end{pmatrix} = \begin{pmatrix} \uparrow & \uparrow & \uparrow & \uparrow & \uparrow & \uparrow & \uparrow & \uparrow \\ \uparrow & \nearrow & \rightarrow & \searrow & \downarrow & \swarrow & \leftarrow & \nwarrow \\ \uparrow & \rightarrow & \downarrow & \leftarrow & \uparrow & \rightarrow & \downarrow & \leftarrow \\ \uparrow & \searrow & \leftarrow & \nearrow & \downarrow & \nwarrow & \rightarrow & \swarrow \\ \uparrow & \downarrow & \uparrow & \downarrow & \uparrow & \downarrow & \uparrow & \downarrow \\ \uparrow & \swarrow & \rightarrow & \nwarrow & \downarrow & \nearrow & \leftarrow & \searrow \\ \uparrow & \leftarrow & \downarrow & \rightarrow & \uparrow & \rightarrow & \downarrow & \rightarrow \\ \uparrow & \nwarrow & \leftarrow & \swarrow & \downarrow & \searrow & \rightarrow & \nearrow \end{pmatrix} \begin{pmatrix} f_0 \\ f_1 \\ f_2 \\ f_3 \\ f_4 \\ f_5 \\ f_6 \\ f_7 \end{pmatrix}$$

Anmerkung:
Die Einheitsvektoren ε werden durch Pfeile gekennzeichnet, wobei die Orientierung

$\uparrow$ reell, $\leftarrow$ imaginär

gewählt wird.

FFT-Form:

1. Darstellung von $\boldsymbol{F}_D$ durch eine Matrix $\tilde{\boldsymbol{F}}_D$ mit geänderter Zeilennumerierung $\Rightarrow$

Zeilennummer

in $\boldsymbol{F}_D$			→ in $\tilde{\boldsymbol{F}}_D$	
0 0 0	0		0 0 0	0
1 0 0	4		0 0 1	1
0 1 0	2		0 1 0	2
1 1 0	6	→	0 1 1	3
0 0 1	1		1 0 0	4
1 0 1	5		1 0 1	5
0 1 1	3		1 1 0	6
1 1 1	7		1 1 1	7

$$\tilde{\boldsymbol{F}}_D = \begin{pmatrix} \uparrow & \uparrow & \uparrow & \uparrow & \uparrow & \uparrow & \uparrow & \uparrow \\ \uparrow & \downarrow & \uparrow & \downarrow & \uparrow & \downarrow & \uparrow & \downarrow \\ \uparrow & \rightarrow & \downarrow & \leftarrow & \uparrow & \rightarrow & \downarrow & \leftarrow \\ \uparrow & \leftarrow & \downarrow & \rightarrow & \uparrow & \leftarrow & \downarrow & \rightarrow \\ \uparrow & \nearrow & \rightarrow & \searrow & \downarrow & \swarrow & \leftarrow & \nwarrow \\ \uparrow & \swarrow & \rightarrow & \nearrow & \downarrow & \nearrow & \leftarrow & \searrow \\ \uparrow & \searrow & \leftarrow & \nearrow & \downarrow & \nwarrow & \rightarrow & \swarrow \\ \uparrow & \nwarrow & \leftarrow & \swarrow & \downarrow & \searrow & \rightarrow & \nearrow \end{pmatrix}$$

2. Faktorisierung von $\tilde{\boldsymbol{F}}_D$ (mit dem Ziel: In jeder Zeile (Spalte) gibt es nur zwei von Null verschiedene Werte)

$\Downarrow$

$$\begin{pmatrix} \uparrow & \uparrow & 0 & 0 & 0 & 0 & 0 & 0 \\ \uparrow & \downarrow & 0 & 0 & 0 & 0 & 0 & 0 \\ 0 & 0 & \uparrow & \rightarrow & 0 & 0 & 0 & 0 \\ 0 & 0 & \uparrow & \leftarrow & 0 & 0 & 0 & 0 \\ 0 & 0 & 0 & 0 & \uparrow & \nearrow & 0 & 0 \\ 0 & 0 & 0 & 0 & \uparrow & \swarrow & 0 & 0 \\ 0 & 0 & 0 & 0 & 0 & 0 & \uparrow & \searrow \\ 0 & 0 & 0 & 0 & 0 & 0 & \uparrow & \searrow \end{pmatrix} \begin{pmatrix} \uparrow & 0 & \uparrow & 0 & 0 & 0 & 0 & 0 \\ 0 & \uparrow & 0 & \uparrow & 0 & 0 & 0 & 0 \\ \uparrow & 0 & \downarrow & 0 & 0 & 0 & 0 & 0 \\ 0 & \uparrow & 0 & \downarrow & 0 & 0 & 0 & 0 \\ 0 & 0 & 0 & 0 & \uparrow & 0 & \rightarrow & 0 \\ 0 & 0 & 0 & 0 & 0 & \uparrow & 0 & \rightarrow \\ 0 & 0 & 0 & 0 & \uparrow & 0 & \leftarrow & 0 \\ 0 & 0 & 0 & 0 & 0 & \uparrow & 0 & \leftarrow \end{pmatrix} \begin{pmatrix} \uparrow & 0 & 0 & 0 & \uparrow & 0 & 0 & 0 \\ 0 & \uparrow & 0 & 0 & 0 & \uparrow & 0 & 0 \\ 0 & 0 & \uparrow & 0 & 0 & 0 & \uparrow & 0 \\ 0 & 0 & 0 & \uparrow & 0 & 0 & 0 & \uparrow \\ \uparrow & 0 & 0 & 0 & \downarrow & 0 & 0 & 0 \\ 0 & \uparrow & 0 & 0 & 0 & \downarrow & 0 & 0 \\ 0 & 0 & \uparrow & 0 & 0 & 0 & \downarrow & 0 \\ 0 & 0 & 0 & \uparrow & 0 & 0 & 0 & \downarrow \end{pmatrix}$$

kommenden komplexen Multiplikationen sind rein reell darstellbar und hardwaremäßig durch einfache Schieberegister realisierbar. Für künftige Mokropressoranwendungen spricht der Vorteil, daß bei der Transformation selbst keinerlei Rundungsfehler entstehen. Das Quantisierungsrauschen digitaler Festklassensysteme wird nur noch durch den A/D-Wandler am Systemeingang hervorgerufen.

Ergänzend sei bemerkt: Die FFT hat nicht nur für die Spektralanalyse Bedeutung, sondern auch die Realisierung von digitalen Filtern und Korrelatoren nutzt diesen Algorithmus. Grundlage ist bei diesen Anwendungen die *Schnelle Faltung*, die alle redundanten Operationen der normalen (zyklischen) Faltung (s. dazu Abschn. 3.1.) elinimiert. Die Effektivität dieses Verfahrens, das die zeitliche Systemantwort über den „spektralen Umweg“ gemäß

$$f_2(k) = \mathrm{FFT}^{-1}[\mathrm{FFT}(f_1) \cdot \mathrm{FFT}(g)] \tag{1.42}$$

in Anlehnung an

$$f_2(t) = \mathcal{F}^{-1}[\mathcal{F}(f_1(t)) \cdot \mathcal{F}(g(t))]$$

im Analogfall angibt, beruht auf den „schnellen“ $\mathcal{F}$-Algorithmen. Insbesondere wird dadurch die aufwendige Faltungsoperation im Zeitbereich durch eine einfache Multiplikation im Spektralbereich ersetzt. (1.42) ist eine Alternative zum Aufbau leistungsfähiger digitaler Filter.

2. Analyse zeitdiskreter Systeme

Definitionsgemäß verstehen wir unter einem zeitdiskreten System (= zeitdiskretes Netzwerk = zeitdiskretes Filter) ein mathematisches Modell, das in hinreichend allgemeiner Weise zur Beschreibung technischer Signalwandlungen verwendet werden kann. Dabei konzentrieren wir uns auf *Einfach*systeme, deren Verhalten durch geordnete *Folgenpaare*, bestehend aus jeweils einer (i. a. unendlichen)

Eingangs- oder Ursachenfolge $\{f_1(k)\}$

und einer (i. a. unendlichen)

Ausgangs- oder Wirkungsfolge $\{f_2(k)\}$,

charakterisiert werden kann. (Bereits hier sei vermerkt, daß die beiden Folgen bei einem „gewollten" zeitdiskreten System — wie es der System-Entwurf zum Ziel hat — „programmierbar" sind.) Wie bei der Signalklassifizierung unterscheiden wir

— *Abtastsysteme* oder Abtastfilter (das sind zeitdiskrete Systeme, die Abtastsignale verarbeiten. Wegen der Wandlung stetiger Amplituden sprechen wir auch von speziellen Analogrechnern.) und
— *digitale Systeme* oder *digitale Filter*. (Das sind zeitdiskrete Systeme, die digitale Signale verarbeiten. Wegen der Wandlung quantisierter Amplituden sprechen wir auch von speziellen Digitalrechnern.)

2.1. Systemeigenschaften

Zum Aufbau einer praktischen Theorie ist es notwendig, grundlegende Eigenschaften zu definieren und gegebenenfalls als Einschränkungen zu verwenden.
In Anlehnung an die Erfahrungen bei Analogsystemen (s. dazu u. a. Bd. I, Abschn. 1.2.1.) vereinbaren wir:

Stabilität bedeutet

$$|f_1(k)| \leqq M < \infty \text{ bedingt } |f_2(k)| \leqq N < \infty, \qquad (2.1)$$

wobei M und N reelle endliche positive Konstanten sind. Praktisch ist diese Bedingung stets notwendig und daher grundsätzlich anzustreben. Wenn dieses Merkmal von Anfang an nicht vorhanden ist, muß es durch zusätzliche Maßnahmen erzwungen werden.

Linearität bedeutet

$$\sum_{\nu=1}^{n} c_\nu\{f_{1\nu}(k)\} \quad \text{bedingt} \quad \sum_{\nu=1}^{n} c_\nu\{f_{2\nu}(k)\}, \tag{2.2}$$

wobei c_ν beliebige reelle Konstanten und $\{f_{1\nu}(k)\}$ beliebige reelle Eingangsfolgen und $\{f_{2\nu}(k)\}$ die von $\{f_{1\nu}(k)\}$ erzeugten reellen Ausgangsfolgen sind.

Linearität heißt damit Gültigkeit des Überlagerungstheorems und hat eine einfache und übersichtliche mathematische Darstellung zur Folge.

Zeitinvarianz bedeutet

$$\{f_1(k - i)\} \quad \text{bedingt} \quad \{f_2(k - i)\} \tag{2.3}$$

mit i = ganzzahliger Wert. Das System hat damit ein von der „Beobachtungszeit" — gemeint ist $t_0 = iT$ — unabhängiges Verhalten.

Kausalität bedeutet

$$f_1(k) = 0 \quad \text{für} \quad k < i \quad \text{bedingt} \quad f_2(k) = 0 \quad \text{für} \quad k < i, \tag{2.4}$$

d. h., die Wirkung kann — zeitlich gesehen — nicht vor der Ursache beobachtet werden.

Wenn nicht ausdrücklich anders gesagt, behandeln wir nachstehend stets reellwertige (d. h. reelle $\{f_1(k)\}$ erzeugen reelle $\{f_2(k)\}$), stabile, lineare, zeitinvariante und kausale zeitdiskrete Systeme.

2.2. *Beschreibung im Zeit- oder Folgenbereich*

2.2.1. *Systemkennzeichnung durch eine Differenzengleichung n-ter Ordnung*

Die Beschreibung durch lineare Differenzengleichung mit konstanten Koeffizienten (wir greifen dazu auf (0.1) zurück)

$$f_2(k) = \sum_{\mu=0}^{m} a_\mu f_1(k - \mu) - \sum_{\nu=1}^{n} b_\nu f_2(k - \nu) \tag{2.5}$$

mit $f_\nu(m) = 0$ für $m < 0$, a_μ, b_ν reell, $m \leq n$

ist eine besonders praktische Beschreibungsform für zeitdiskrete Systeme, weil sie unmittelbar zu „Systemrealisierungen" führt. Die Lösungsfolge $\{f_2(k)\}$ gewinnen wir durch eine computerfreundliche rekursive Berechnung. Obwohl verschiedene, (2.5) „realisierende" Systemstrukturen am übersichtlichsten durch unterschiedliche Darstellungen der (noch zu besprechenden) $\mathscr{Z}$-Übertragungsfunktion (s. d. Abschn. 2.2.3. und 2.3.) ge-

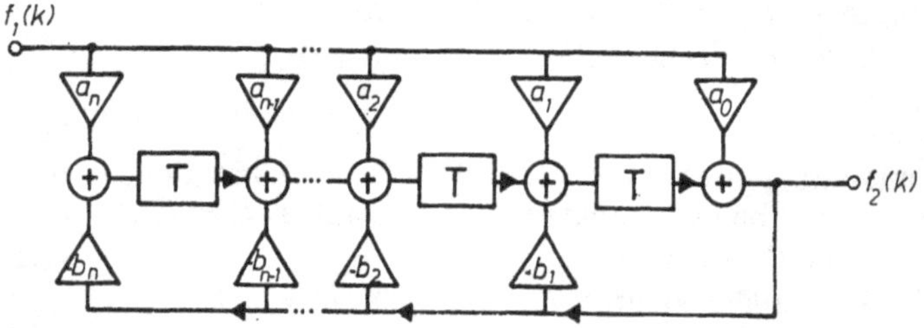

Abb. 2.1. (Erste) Kanonische Form eines zeitdiskreten Systems

funden werden, führt die „Deutung" von (2.5) – mit der Festlegung: Die Teilsignale werden erst multipliziert und dann verzögert – auf die in Abb. 2.1 skizzierte Struktur. Dabei wird vorerst $m = n$ angenommen. Der Fall $m < n$ ist eingeschlossen, da einzelne a_μ dann nur fehlen. Als Elemente für zeitdiskrete Systeme kommen im allgemeinen Fall nur

Addierer, Multiplizierer und Speicher

(s. dazu auch Abb. 0.2) vor.

Im Gegensatz zu den Analogrealisierungen, wo im Regelfall langwierige „Synthesemethoden" (z. B. Kettenentwicklung) erforderlich sind, ist bei zeitdiskreten Netzwerken die Herleitung möglicher Strukturen und deren Bemessung aus der vorgegebenen Differenzengleichung praktisch problemlos. Schon hier sei ergänzend bemerkt, daß Abb. 2.1 eine *kanonische Struktur* (d. h., die Anzahl der Speicherelemente ist minimal und gleich dem Systemgrad n) darstellt.

Außerdem unterscheiden wir

— *rekursive Systeme* (d. h. Rückführungen sind vorhanden) oder

$$b_\nu \neq 0 \tag{2.5a}$$

für mindestens ein ν ($\nu = 1, 2, \ldots, n$) und

— *nichtrekursive Systeme* (d. h., keine Rückführungen sind vorhanden) oder

$$b_\nu = 0 \quad \text{bei} \quad m = n. \tag{2.5b}$$

Die Lösungsfolge erhalten wir durch suksessives Einsetzen bekannter Werte der Eingangsfolge $f_1(k)$ und bereits errechneter, d. h. somit ebenfalls bekannter Werte der Ausgangsfolge.

Beispiel 2.1

Vertrautwerden mit der rekursiven Berechnung.

2.2.2. *Systemkennzeichnung durch Zustandsgleichungen*

Durch Einführung zusätzlicher *innerer Signale* (= Zustandsgrößen) an den Ausgängen der Speicherelemente, d. h. von

$$\{x_\nu(k)\}, \quad \nu = 1, 2, \ldots n, \tag{2.6}$$

(s. Abb. 2.1) ist eine axiomatische Systembeschreibung möglich. Diese Darstellung ist

— eine leistungsfähige Methode für Systeme mit endlich vielen konzentrierten Elementen (d. h. allgemein für analoge oder zeitdiskrete Netzwerke),

— eine *kompakte* (der Theorie der Differentialgleichungen im analogen Fall bzw. der Theorie der Differenzengleichungen angepaßte) *Matrizenschreibweise*, die mühelos auf Mehrfachsysteme ausgedehnt werden kann,

- vorteilhaft numerisch mit Digitalrechnern auszuwerten und
- durch Blockbilder (Signalflußdiagramme) überschaubar zu simulieren.

Aus Abb. 2.1 lesen wir ab, wenn wir die Wirkung eines Speicher- oder Verzögerungselementes mathematisch durch die Beziehung

$$V\{f(k)\} = f(k-1) \tag{2.7}$$

charakterisieren.

$$x_\nu(k) = V[-b_\nu x_1(k) + x_{\nu+1}(k) + (a_\nu - b_\nu a_0)\, f_1(k)] \tag{2.8}$$

und

$$f_2(k) = x_1(k) + a_0 f_1(k), \qquad \nu = 1, 2, \ldots, n.$$

(2.8) ist ein *simultanes Gleichungssystem*. Bei einer Zusammenfassung der $x_\nu(k)$ zu einem *Zustandsvektor* $\boldsymbol{x}(k)$ folgt aus (2.8) die *Zustandsgleichung*

|| $$\boldsymbol{x}(k+1) = \boldsymbol{A}\boldsymbol{x}(k) + \boldsymbol{b} f_1(k) \tag{2.9a}$$

und die *Ausgangsgleichung*

|| $$f_2(k) = \boldsymbol{c}\boldsymbol{x}(k) + d f_1(k) \tag{2.9b}$$

mit

$$\text{der Systemmatix } \boldsymbol{A} = \begin{pmatrix} -b_1 & 1 & 0 & 0 & . & 0 \\ -b_2 & 0 & 1 & 0 & . & 0 \\ -b_3 & 0 & 0 & 1 & . & 0 \\ . & . & . & . & . & . \\ -b_n & 0 & 0 & 0 & . & 0 \end{pmatrix}, \tag{2.9c}$$

$$\text{dem Eingangsspaltenvektor } \boldsymbol{b} = \begin{pmatrix} a_1 - b_1 a_0 \\ a_2 - b_2 a_0 \\ a_2 - b_3 a_0 \\ . \; . \; . \; . \; . \\ a_m - b_n a_0 \end{pmatrix}, \tag{2.9d}$$

$$\text{dem Ausgangszeilenvektor } \boldsymbol{c} = (1, 0, 0, \ldots) \tag{2.9e}$$

und dem Skalar

$$d = a_0. \tag{2.9f}$$

(2.9a) und (2.9b) nennen wir insgesamt auch die *Zustandsbeschreibung* eines zeitdiskreten Systems. (Hinsichtlich der Analogie zum zeitkontinuierlichen Fall s. die Gegenüberstellung in Bd. III, Tafel 1.9) Die Lösung von (2.9a) erhalten wir durch suksessives Einsetzen

$$\boldsymbol{x}(k) = \boldsymbol{A}^k\boldsymbol{x}(0) + \sum_{i=0}^{k-1} \boldsymbol{A}^i\boldsymbol{b}\boldsymbol{x}(k-i-1), \quad k = 0(1)\infty, \tag{2.10a}$$

bzw. substituiert in die Ausgangsgleichung (2.9b)

$$f_2(k) = \boldsymbol{c}\boldsymbol{A}^k\boldsymbol{x}(0) + \boldsymbol{c}\sum_{i=0}^{k-1} \boldsymbol{A}^i\boldsymbol{b}\boldsymbol{x}(k-i-1) + df_1(k). \tag{2.10b}$$

Praktisch rechnen wir vorzugsweise mit dem Anfangszustand

$$\boldsymbol{x}(0) = 0, \tag{2.11}$$

d. h., die Speicher werden als leer bei $t = 0$ angenommen. Damit vereinfacht sich (2.10b) entsprechend.
Die Überführung von (2.5) in (2.9) ist nicht eindeutig. Wenn wir mit einer nichtsingulären Matrix $\boldsymbol{F}(n, n)$ einen neuen Zustandsvektor

$$x(k) = \boldsymbol{F}^{-1}x(k)$$

einführen, dann gilt eine — gegenüber (2.9) — transformierte Zustandsbeschreibung

$$\begin{aligned} \tilde{\boldsymbol{x}}(k+1) &= \boldsymbol{A}\tilde{\boldsymbol{x}}(k) + \tilde{\boldsymbol{b}}f_1(k), \\ f_2(k) &= \tilde{\boldsymbol{c}}\boldsymbol{x}(k) + df_1(k) \end{aligned} \tag{2.12}$$

mit

$$\tilde{\boldsymbol{A}} = \boldsymbol{F}^{-1}\cdot\boldsymbol{A}, \quad \tilde{\boldsymbol{b}} = \boldsymbol{F}^{-1}\cdot b, \quad \tilde{\boldsymbol{c}} = \boldsymbol{c}\cdot\boldsymbol{F}^{-1}. \tag{2.12a}$$

Das zu (2.12) gehörende System unterscheidet sich *strukturmäßig* von der Form (Abb. 2.1), die das Gleichungssystem (2.9) repräsentiert. Das Zusammenspiel Eingangsfolge — Ausgangsfolge wird davon nicht berührt, in diesem Sinne — also *übertragungsmäßig* — sind (2.5), (2.9) und (2.12) gleichwertig. Praktisch ist es vorteilhaft, $\boldsymbol{A}$ als Diagonalmatrix

$$\tilde{\boldsymbol{A}} = \operatorname{diag}(\lambda_1, \lambda_2, \ldots, \lambda_n) \tag{2.13a}$$

zu gestalten, was dann stets möglich ist, wenn $\boldsymbol{A}$ nur einfache Eigenwerte λ_ν ($\nu = 1, 2, \ldots n$) besitzt und die zugehörigen Eigenvektoren als Spalten von $\boldsymbol{F}$ gewählt werden. In Verbindung mit (2.10b) und (2.11) führt das auf die *Stabilitätsbedingungen*

$$|\lambda_\nu| < 1, \quad \nu = 1, 2, \ldots n, \tag{2.13b}$$

für zeitdiskrete Systeme bei einfachen Eigenwerten mit der Bestimmungsgleichung

$$\lambda^n + b_1\lambda^{n-1} + \cdots + b_{n-1} + b_n = 0. \tag{2.13c}$$

2.2.3. *Systemkennzeichnung durch die Gewichtsfolge*

Da der Prozeß Eingangssignal — System — Ausgangssignal fundamentaler Art ist, liegt es nahe, Systeme durch spezielle Antwortfunktionen zu kennzeichnen. Beschränken wir uns auf kausale Folgen sowie auf Systeme, deren Energiespeicher bei $t = 0$ leer sind (d. h., es gilt (2.11)) und wählen wir als Bezeichnung für das Eingangssignal

$$\{f_1(k)\} = \big(f_1(0), f_1(1), f_2(2), \ldots\big)' \tag{2.14a}$$

(Um Platz zu sparen, werden die Spaltenvektoren als gespiegelte Zeilenvektoren geschrieben!) und für das Ausgangssignal

$$\{f_2(k)\} = \big(f_2(0), f_2(1), f_2(2), \ldots\big)', \tag{2.14b}$$

so erzeugt das spezielle Eingangssignal

$$\{\delta(k)\} = (1, 0, 0, 0, \ldots)' \tag{2.15a}$$

als Ausgangssignal die *Impulsantwort* oder *Gewichtsfolge*

$$\{g(k)\} = \big(g(0), g(1), g(2), \ldots\big)'. \qquad (2.15\,\mathrm{b})$$

Ein beliebiges Eingangssignal $f_1(k)$ können wir als Überlagerung von Impulsen auffassen, die zeitlich verschoben und mit jeweils $f_1(k)$ multipliziert sind, oder es gilt

$$\begin{aligned}\big(f_1(0), f_1(1), f_1(2), \ldots\big)' &= f_1(0)\,(1, 0, 0, 0, \ldots)'\\ &+ f_1(1)\,(0, 1, 0, 0, \ldots)'\\ &+ f_1(2)\,(0, 0, 1, 0, \ldots)'\end{aligned} \qquad (2.15\,\mathrm{c})$$

Jeder dieser Impulse (auf der rechten Seite von (2.15c)) erzeugt eine „Teilimpulsantwort“ und damit insgesamt den Ausdruck

$$\begin{aligned}\big(f_2(0), f_2(1), f_2(2), \ldots\big)' &= f_1(0)\,\big(g(0), g(1), g(2), \ldots\big)'\\ &+ f_1(1)\,\big(0, g(0), g(1), \ldots\big)'\\ &+ f_1(2)\,\big(0, 0, g(0), \ldots\big)'\\ &\ldots\ldots\ldots\ldots\end{aligned} \qquad (2.15\,\mathrm{d})$$

oder anders geordnet

$$\begin{aligned}f_2(0) &= f_1(0)\,g(0)\\ f_2(1) &= f_1(0)\,g(1) + f_1(1)\,g(0)\\ f_2(2) &= f_1(0)\,g(2) + f_1(1)\,g(1) + f_1(2)\,g(0)\end{aligned}$$

In Summenschreibweise ist das identisch mit der als *diskrete Faltung* bezeichneten Form

$$f_2(k) = \sum_{i=0}^{k} f_1(i)\,g(k-i) = \sum_{i=0}^{k} f_1(k-i)\,g(i) \qquad (2.16)$$

mit $f_1(m), f_2(m) = 0$ für $m < 0$; $n, i = 0, 1, 2, 3, \ldots$

Symbolisch geschrieben ist die Schreibweise

$$\{f_2(k)\} = \{g(k)\} * \{f_1(k)\} = \{f_1(k)\} * \{g(k)\} \qquad (2.16\text{a})$$

ein Äquivalent zu (2.16). Aus (2.16) folgt in Verbindung mit (2.1)

$$|f_2(k)| < M_1 \sum_{i=0}^{k} g(i), \quad i = 0(1)\,\infty .$$

Damit ist ein zeitdiskretes System stabil, wenn

$$\sum_{i=0}^{k} |g(k)| = N < \infty \qquad (2.15\text{b})$$

gilt.

Beispiel 2.2

Kennenlernen und Veranschaulichung der diskreten Faltung.

Gegeben: $f_1(k) = \begin{cases} 1 & \text{für} \quad k = 1, 2, 3 \\ 0 & \text{sonst} \end{cases}$ und $g(0) = 0$,

$g(1) = 3, \;\; g(2) = 2, \;\; g(3) = 1, \;\; g(k) = 0 \;\;$ für $\;\; k > 4$.

Gesucht:

1. Grafische Darstellung der endlichen Folgen $f_1(k)$ und $g(k)$?
2. Grafische Darstellung von $f_2(k) = \sum_{i=0}^{k} f_1(i)\, g(k-i)$ für die $k = 0, 1, 2, \ldots 6$ und daraus resultierendes $f_2(k)$?
3. Wie 2. für $f_2(k) = \sum_{i=0}^{k} f_1(k-i)\, g(i)$.

Lösung:

Zu 1.: Tafel 2.1, erste Zeile, zeigt die sofort verständliche Darstellung von $f_1(k)$ und $g(k)$.

Zu 2. Während sich $f_1(i)$ mit $k = i$ als „Festgröße" erweist, stellt $g(k-i)_{k=0} = g(-i)$ die an der Ordinate gespiegelte $g(k)$ dar. (Tafel 2.1, zweite Zeile links). Entsprechned ist $g(1-i)$ die um die Einheit nach rechts verschobene $g(-i)$ (Tafel 2.1, dritte Zeile links). Analoges gilt für $g(k-i)$, $k = 2, 3, 4, 5, 6$, Aus den Darstellungen erhalten wir durch „Ablesen" die ge-

Tafel 2.1

Veranschaulichung der diskreten Faltung

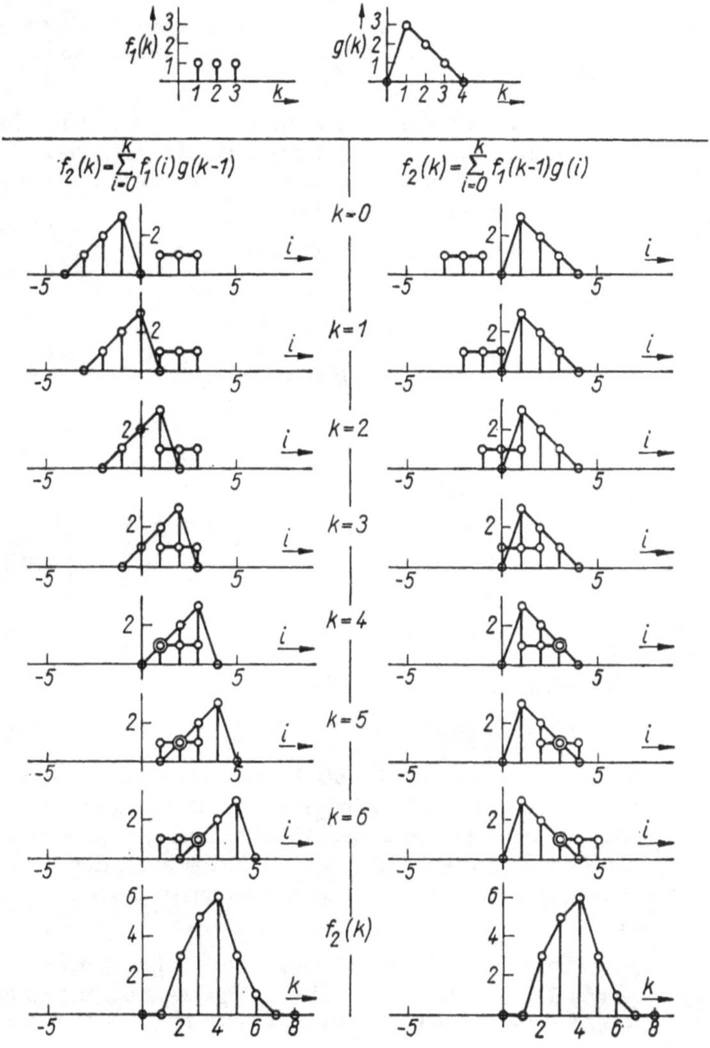

suchten Koeffizienten der linearen Verknüpfung, z. B. bei $k = 3$: $f_2(k) = 1 \cdot 2 + 1 \cdot 3 = 5$. Insgesamt ergibt sich ein $f_2(k)$, wie in Tafel 2.1, letzte Zeilel inks, aufgezeichnet.

Zu 3. Der Berechnungsgang ist „bei vertauschten Rollen" von $f_1(k)$ und $g(k)$ wie bei 2. und das Resultat natürlich gemäß (2.16) übereinstimmend.

Hinweis: Durch „Diskretisierung" ist der einfache Algorithmus auch auf zeitkontinuierliche $f_1(t)$ und $g(t)$ übertragbar. Abschätzungen und numerische Auswertungen werden dadurch besonders simpel.

In Matrizenschreibweise wird aus (2.16a)

$$\begin{pmatrix} f_2(0) \\ f_2(1) \\ f_2(2) \\ \cdot \\ \cdot \end{pmatrix} = \begin{pmatrix} g(0) & 0 & 0 & 0 & . \\ g(1) & g(0) & 0 & 0 & . \\ g(2) & g(1) & g(0) & 0 & . \\ . & . & . & . & . \\ . & . & . & . & . \end{pmatrix} \begin{pmatrix} f_1(0) \\ f_1(0) \\ f_2(2) \\ \cdot \\ \cdot \end{pmatrix}$$

$$= \begin{pmatrix} f_1(0) & 0 & 0 & 0 & . \\ f_1(1) & f_1(0) & 0 & 0 & . \\ f_1(2) & f_1(1) & f_1(0) & 0 & . \\ . & . & . & . & . \\ . & . & . & . & . \end{pmatrix} \begin{pmatrix} g(0) \\ g_1(0) \\ g_2(0) \\ \cdot \\ \cdot \end{pmatrix} \qquad (2.16\text{b})$$

oder abgekürzt

$$\{f_2(k)\} = \boldsymbol{Dr}\{g(k)\} \cdot \{f_1(k)\} = \boldsymbol{Dr}\{f_1(k)\} \cdot \{g(k)\}\,. \qquad (2.16\text{c})$$

Im allgemeinen ist $\boldsymbol{Dr}\{g(k)\}$ eine unendliche untere Dreiecksmatrix mit Schrägstreifenaufbau und einem *Kernvektor* $\{g(k)\}$. Mit der Beschränkung, daß sowohl die Signalvektoren $\{f_\nu(k)\}$, $\nu = 1, 2$, als auch der Kernvektor $\{g(k)\}$ nur aus jeweils N Elementen besteht, d. h. bei

— periodischen Zeitfolgen mit $f_\nu(k) = f_\nu(k + iN)$ bei $\nu = 1, 2$, $k = 0, 1, 2, \dots, N-1$, i ganzzahlig und einer
— endlichen Gewichtsfolge $g(k)$, $k = 0, 1, 2, \dots, N-1$,

entstehen Grundbeziehungen der *Finiten Systemtheorie* [K 1]. Für genügend große N werden damit *näherungsweise* zeitdiskrete Systeme allgemeiner Art beschrieben. Durch Grenzübergänge kann eine Verknüpfung der Gesetze für analoge und für zeitdiskrete Systeme hergestellt werden (Weitere Einzelheiten dazu s. Abschn. 3.).

2.3. Beschreibung im Bild- bzw. Frequenzbereich

Obwohl — insbesondere durch die Matrizenschreibweisen — im Zeit- oder Folgenbereich vorteilhafte Auswerteregeln gegeben sind, hat auch die Darstellung im Spektralbereich vermehrte Bedeutung. Frequenzgänge sind dem Ingenieur von Haus aus sehr vertraut, die zugehörige Meßtechnik ist in der Regel vorhanden und nicht zuletzt spielt die „Frequenzselektion" eine wichtige Rolle beim Entwurf störungsmindernder Teilsysteme.

2.3.1. Systemkennzeichnung durch die $\mathcal{Z}$-Übertragungsfunktion

Aus dem Faltungssatz der $\mathcal{Z}$-Transformation folgt angewandt auf (2.16) der Zusammenhang

$$F_2(z) = T(z) \cdot F_1(z) \tag{2.17}$$

mit

$$F_\nu(z) = \mathcal{Z}\{f_\nu(k)\}, \quad \nu = 1, 2, \tag{2.18a}$$

und

$$T(z) = \mathcal{Z}\{g(k)\}, \tag{2.18b}$$

oder umgestellt die *$\mathcal{Z}$-Übertragungsfunktion*

$$T(z) = \frac{F_2(z)}{F_1(z)}, \tag{2.17a}$$

ein Zusammenhang, der formal völlig der Beschreibung im Analogfall entspricht.

Wenn wir die $\mathcal{Z}$-Transformation auf die Differenzengleichung (2.5) anwenden, gewinnen wir weitere Erkenntnisse betreffend den Aufbau von (2.17a).

Im bei $t = 0$ energielosen Fall gilt für

$$\mathscr{Z}\{f_2(k)\} = \sum_{\mu=0}^{m} a_\mu \mathscr{Z}\{f_1(k-\mu)\} - \sum_{\nu=1}^{n} b_\nu \mathscr{Z}\{f_2(k-\nu)\}$$

$$F_2(z) = \sum_{\mu=0}^{m} a_\mu z^{-\mu} F_1(z) - \sum_{\nu=1}^{n} b_\nu z^{-\nu} F_2(z)$$

oder umgestellt

$$T(z) = \frac{F(z)}{F_1(z)} = \frac{\sum_{\mu=0}^{m} a_\mu z^{-\mu}}{1 + \sum_{\nu=1}^{n} b_\nu z^{-\nu}}, \quad \text{d. h.,} \tag{2.19}$$

‖ lineare, zeitinvariante zeitdiskrete Systeme haben eine gebrochen rationale Funktion von z^{-1}.

(2.18b) bedeutet ausführlich geschrieben

$$T(z) = \sum_{k=0}^{\infty} g(k)\, z^{-k} = g(0) + g_1 z^{-1} + g_2 z^{-2} + \cdots, \quad \text{d. h.,} \tag{2.20}$$

‖ $T(z)$ ist auch die Summe einer unendlichen Potenzreihe von z^{-1}, deren Koeffizienten die $g(k)$ sind.

Praktikabel ist damit eine Rücktransformation

- durch Entwicklung in eine Potenzreihe mit fallenden z-Potenzen oder
- durch Partialbruchentwicklung und anschließende „Transformation von Elementarfunktionen" (nach Tabelle)

möglich.

Außer der *Polynomform* (2.19) sind gleichwertig

– die *Produktform* $T(z) = a_0 z^{n-m} \dfrac{\prod_{\mu=1}^{m} (z - z_{0\mu})}{\prod_{\nu=1}^{n} (z - z_\nu)}$, (2.19a) wobei die Nullstellen $z_{0\mu}$ durch

$$a_0 z^m + a_1 z^{m-1} + \cdots + a_{m-1} z + a_m = 0$$

bzw. die Pole z_ν durch

$$z^n + b_1 z^{n-1} + \cdots + b_{n-1} z + b_n = 0$$

festgelegt sind, und

— die *Partialbruchform* $T(z) = a_0 + \sum_{\nu=1}^{n} \frac{A_\nu}{z - z_\nu}$ (2.19b)
verwendbar.

Mit (2.19) — und noch deutlicher durch die spezielle Darstellungsform (2.19a) — liegt es nahe, die aus der herkömmlichen analogen Beschreibung gut bekannten *Pol-Nullstellen-Beschreibungen* (= PN-Plan-Darstellung) zu übernehmen und als *anschauliches Hilfsmittel zur Systemkennzeichnung* zu nutzen.

Für *absolut* stabile Systeme müssen nach (2.15b) die Betragswerte $|g(k)|$ summierbar sein. Das ist im diskreten Fall gewährleistet, wenn die *Pole*

$$z_\nu = \bar{z}_\nu \, e^{j \operatorname{arc} z_\nu}, \quad \nu = 1, 2, \ldots, n, \tag{2.21a}$$

im offenen Einheitskreis liegen, d. h. bei

$$|z_\nu| = \bar{z}_\nu < 1, \quad \nu = 1, 2, \ldots, n. \tag{2.21b}$$

Ergänzend sei bemerkt, daß *bedingt* stabile Systeme vorliegen, wenn (zusätzlich) einfache Pole auf dem Einheitskreis liegen. In diesen Fällen erzeugt eine *endliche* beschränkte Eingangsfolge $f_1(k)$ eine beschränkte, nicht abklingende Ausgangsfolge.

In Tafel 2.4 (oben) ist der PN-Plan eines allgemeinen zeitdiskreten Systems skizziert. Angepaßt ist eine Beschreibung durch die Betrags-Winkel-Darstellung, wie schon in (2.21a) praktiziert. Entsprechend würde für die Nullstellen

$$z_{0\mu} = \bar{z}_{0\mu} \, e^{j \operatorname{arc} z_{0\mu}}, \quad \mu = 1, 2, \ldots, m, \tag{2.21c}$$

gelten.

2.3.2. Systemkennzeichnung durch Zustandsgleichungen

Wie prinzipiell aus (III, Tafel 1.9) bekannt, existiert eine Zustandsbeschreibung im Bildbereich. Im zeitdiskreten Fall ist die $\mathcal{Z}$-Transfornation – bei kausalen Folgen – das angepaßte Rechenhilfsmittel. Damit gehen die Eingangs-, Zustands- und Ausgangsgrößen von (2.9a, b) in Vektoren von z über, und aus

$$\boldsymbol{x}(k+1) = \boldsymbol{A}\boldsymbol{x}(k) + \boldsymbol{b}f_1(k),$$

$$f_2(k) = \boldsymbol{c}\boldsymbol{x}(k) + df_1(k)$$

erhalten wir

$$\begin{aligned} \boldsymbol{X}(z) &= \boldsymbol{A}\boldsymbol{X}(z) + \boldsymbol{b}F_1(z), \\ F_2(z) &= \boldsymbol{c}\boldsymbol{X}(z) + dF_1(z). \end{aligned} \tag{2.22}$$

(Da $\boldsymbol{X}(z)$ eine Bildfunktion ist, schreiben wir zur deutlichen Unterscheidung von der Zeitdarstellung Großbuchstaben. Im Prinzip wäre es möglich, auf die Mitführung des Arguments z zu verzichten; allerdings wäre dann keine auffällige Unterscheidung zwischen Matrizen (z. B. $\boldsymbol{A}$) und Vektoren (z. B. $\boldsymbol{X}(z)$, aber $\boldsymbol{b}$) gegeben.)

Durch Eliminierung von $\boldsymbol{X}(z)$ können wir schreiben

$$\begin{aligned} F_2(z) = {} & \boldsymbol{c}(z\boldsymbol{I} - \boldsymbol{A})^{-1}\, z\boldsymbol{x}(0) \\ & + \boldsymbol{c}(z\boldsymbol{I} - \boldsymbol{A})^{-1}\, \boldsymbol{b}F_1(z) + dF_1(z). \end{aligned} \tag{2.23}$$

Eine Beziehung, die sich bei $\boldsymbol{x}(0) = 0$ zu

$$T(z) = \frac{F_2(z)}{F_1(z)} = \boldsymbol{c}(z\boldsymbol{I} - \boldsymbol{A})^{-1}\, \boldsymbol{b} + d \tag{2.23a}$$

vereinfacht. Dabei ist $\boldsymbol{I}$ eine (n, n)- Einheitsmatrix. Bei den Anwendungen spielt die $\mathcal{Z}$-Übertragungsfunktion und deren Interpretation eine fundamentale Rolle. Da durch die Differenzengleichung (2.5) und durch die Gewichtsfolge (2.15b) ein direkter und vertrauter Zugang besteht, greifen wir vorzugsweise auf diese Zusammenhänge zurück. Deshalb verzichten wir auf eine weitere (allgemeine) Beschreibung durch *Signalflußgleichungen*, die in Matrizenschreibweise alle äußeren und inneren Signale als Spaltenvektor enthalten. Einzelheiten dazu siehe [L 12], [L 13]. Die zugehörige *Signalflußmatrix* hat Elemente, die mit der Netzwerkstruktur verknüpft sind. Analog wie bei den Zustandsgleichungen kann durch Elimination des Vektors der inneren Signale das äußere Netzwerkverhalten berechnet werden. Dann wird eine reduzierte Matrizengleichung wirksam, deren Matrix zweckmäßig durch schrittweisen Abbau der Signalflußmatrix gewonnen wird. Auf dieser Methode beruht u. a. ein bezüglich des Rechenaufwandes günstiger Algorithmus zur Empfindlichkeitsanalyse zeitdiskreter Netzwerke.

2.3.3. Systemkennzeichnung durch Frequenzgänge

Tatsächlich sind in der Praxis die bequem meßbaren Frequenzgänge oder Frequenzcharakteristiken der Systeme von besonderem Interesse und allgemein bekannte Darstellungsmittel. Im herkömmlichen Analogfall ist bekanntlich – bei energielosen Zuständen bei $t = 0$, die wir allgemein voraussetzen – nach (I, Abschn. 1.2.3.) die Verknüpfung mit $T(p)$ durch

$$T(j\omega) = T(p)\big|_{p=j\omega}$$

denkbar einfach möglich. Analoge Beziehungen gelten für die komplexen Frequenzgänge der analogen Signalspektren, da hierfür

$$F_\nu(j\omega) = F_\nu(p)\big|_{p=j\omega}, \qquad \nu = 1, 2,$$

gilt. Bei zeitdiskretem Fall ist der Sachverhalt völlig entsprechend, d. h., für die Signalbildfunktionen gilt

$$F_\nu(\mathrm{e}^{j\omega'}) = F_\nu(j\omega') = F(z)\big|_{z=\mathrm{e}^{j\omega T}=\mathrm{e}^{j\omega'}}. \tag{2.24}$$

Die zusätzliche „Normierung“

$$\omega' = \omega T \tag{2.24a}$$

wird eingeführt, weil damit eine besonders einfache und übersichtliche numerische Auswertung verbunden ist. Der Leser wolle bemerken, daß speziell die Schreibweise $F_\nu(e^{j\omega'})$ – die wir nur aus Vereinfachungsgründen mit $F_\nu(j\omega')$ gleichsetzen – die grundsätzlich durch die Abtastung bedingte *Periodifizierung* evident zum Ausdruck bringt.

(2.24) besteht bei dem uns interessierenden rationalen $F_\nu(z)$ aus einem Quotient *trigonometrischer Polynome.* Diese mathematische Grundform gilt ebenso für die komplexe *stationäre Übertragungsfunktion*

$$T(e^{j\omega'}) = T(j\omega') = \left.\frac{F_2(z)}{F_1(z)}\right|_{z=e^{j\omega'}} \tag{2.25}$$

Dieses Gesetz beinhaltet auch, daß eine „sinusförmige“ Eingangsfolge – repräsentiert durch $f_1(k) = e^{j\omega' k}$ – bei stabilen Systemen mit wachsendem k (d. h. im *stationären Fall*) in eine *gleichartige*, gegenüber $f_1(k)$ durch das System „bewertete“ Ausgangsfolge $f_2(k)$ übergeht. $T(j\omega')$ beschreibt damit den komplexen Frequenzgang des Systems als Verhältnis der komplexen Amplituden der im eingeschwungenen Zustand am Ein- und Ausgang bestehenden Folgen.

Eine daraus herleitbare Formelbeziehung wäre bei

$$f_1(k) = \cos \omega' k = \frac{e^{j\omega' k} + e^{-j\omega' k}}{2}$$

das Resultat

$$f_2(k) = T(j\omega') \cos\left(\omega' k + \operatorname{arc} T(j\omega')\right). \tag{2.26}$$

Es entspricht völlig dem geläufigen Ergebnis

$$f_2(t) \doteq T(j\omega) \cos\left(\omega t + \operatorname{arc} T(j\omega)\right)$$

bei der stationären Wechselerregung $f_1(t) = \cos \omega t$ bei Analogsystemen.

Im Blickwinkel der PN-Betrachtung wird durch (2.25) das Verhalten des Sonderfalles $z = 1$, d. h. Verhalten auf der Peripherie des Einheitskreises in einer z-Ebene, untersucht.

Wegen der aufgezeigten formalen Übereinstimmung können wir weitgehend die von früher bekannten Methoden übernehmen. Bedeutung haben die Teilfunktionen

— Betragscharakteristik $|T(j\omega')|$
— Dämpfungscharakteristik $-20 \lg \left(T(j\omega')\right)$ (2.27)
— Phasencharakteristik $B(\omega') = -\text{arc}\, T(j\omega')$ und
— Gruppenlaufzeitcharakteristik $T_{gr}(\omega') = \dfrac{\mathrm{d}}{\mathrm{d}\omega'}\left(B(\omega')\right)$.

In Tafel 2.2 sind die aus der Linearfaktordarstellung von $T(z)$ mühelos herleitbaren Berechnungsformeln zusammengestellt.

Zur Verdeutlichung der Übertragungseigenschaften sind über linearem ω' (mit der Periode 2π, deshalb ist nur das Intervall $0 \leqq \omega' \leqq 2\pi$ aufgezeichnet) in Tafel 2.3 die Frequenzgänge $|T(j\omega')|$, $A(\omega')$, $B(\omega')$ und $T_{gr}(\omega')$ für die spezielle (Nur-Pol-) Funktion

$$T(z) = \frac{z^{-2}}{1 + b_1 z^{-1} + b_2 z^{-2}} = \frac{z^{-2}}{1 - 2\bar{z}_1 z^{-1} + {z_1}^{-2} z^{-2}},$$

d. h., $z_1 = \bar{z}_1\, \mathrm{e}^{j45^\circ}$ und $z_2 = z_1 = \bar{z}_1\, \mathrm{e}^{-j45^\circ}$, bei den Parametergrößen $z_1 = \bar{z}_1 = 0$, $\frac{1}{2}$, und $\frac{1}{2}\sqrt{2}$ skizziert.

Diskussion:

$\bar{z}_1 = 0$ stellt ein verzerrungsfreies Übertragungssystem mit $T(j\omega') = 1$, $B(\omega') = 2 \cdot \omega'$ und $T_{gr}(\omega') = 1$ bzw. einen „Allpaß 2. Ordnung mit linearer Phase“ bzw. konstanter Gruppenlaufzeit dar. (Eine Realisierungsvariante, die im Analogfall unbekannt ist. Siehe dazu auch Abschnitt 2.4.2.)

$\bar{z}_1 = \dfrac{1}{2}$ repräsentiert im Teilintervall $0 \leqq \omega' \leqq \pi$ ein monotones Tiefpaßverhalten mit schwach nichtlinearer

Tafel 2.2

Frequenzgänge mit den PN-Daten als Parameter

Betragscharakteristik

$$|T(j\omega')| = |a_0| \frac{\prod_{\mu=1}^{m} |e^{j\omega'} - z_{0\mu}|}{\prod_{\nu=1}^{n} |e^{j\omega'} - z_\nu|}$$

$$= |a_0| \frac{\prod_{\mu=1}^{m} \sqrt{1 + \bar{z}_{0\mu}^2 - 2\bar{z}_{0\mu} \cos(\omega' - \operatorname{arc} z_{0\mu})}}{\prod_{\nu=1}^{n} \sqrt{1 + \bar{z}_\nu^{\,2} - 2\bar{z}_\nu \cos(\omega' - \operatorname{arc} z_\nu)}}$$

Dämpfungscharakteristik

$$A(\omega') = -20 \lg |T(j\omega')|$$

$$= -20 \lg a_0 + 20 \sum_{\nu=1}^{n} \lg |e^{j\omega'} - z_\nu| - 20 \sum_{\mu=1}^{m} \lg |e^{j\omega'} - z_{0\mu}|$$

$$= -20 \lg |a_0| + 20 \sum_{\nu=1}^{n} \lg \sqrt{1 + \bar{z}_\nu^{\,2} - 2\bar{z}_\nu \cos(\omega' - \operatorname{arc} z_\nu)}$$

$$-20 \sum_{\mu=1}^{m} \lg \sqrt{1 + \bar{z}_{0\mu}^2 - 2z_{0\mu} \cos(\omega' - \operatorname{arc} z_{0\mu})}$$

Phasencharakteristik

$$B(\omega') = -\operatorname{arc} T(j\omega') = \sum_{\nu=1}^{n} \operatorname{arc}(e^{j\omega'} - z_\nu) - \sum_{\mu=1}^{m} \operatorname{arc}(e^{j\omega'} - z_{0\mu})$$

$$= \sum_{\nu=1}^{n} \tan^{-1} \frac{\sin\omega' - \bar{z}_\nu \sin(\operatorname{arc} z_\nu)}{\cos\omega' - \bar{z}_\nu \cos(\operatorname{arc} z_\nu)} - \sum_{\mu=1}^{m} \tan^{-1} \frac{\cos\omega' - \bar{z}_{0\mu} \cos(\operatorname{arc} z_{0\mu})}{\sin\omega' - \bar{z}_{0\mu} \sin(\operatorname{arc} z_{0\mu})}$$

Gruppenlaufzeitcharakteristik

$$T_{gr}(\omega') = \frac{dB(\omega')}{d\omega'} = \sum_{\nu=1}^{n} \frac{1 - \bar{z}_\nu \cos(\omega' - \operatorname{arc} z_\nu)}{1 + \bar{z}_\nu^{\,2} - 2\bar{z}_\nu \cos(\omega' - \operatorname{arc} z_\nu)}$$

$$- \sum_{\mu=1}^{m} \frac{1 - \bar{z}_{0\mu} \cos(\omega' - \operatorname{arc} z_{0\mu})}{1 + \bar{z}_{0\mu}^2 - 2\bar{z}_{0\mu} \cos(\omega' - \operatorname{arc} z_{0\mu})}$$

Tafel 2.3

Frequenzgänge gehörend zu

$$T(z) = \frac{1}{(z - \bar{z}_1\,e^{j45°})\,(z - \bar{z}_1\,e^{-j45°})} \quad \text{für} \quad \bar{z}_1 = 0, \frac{1}{2}, \frac{4}{5}$$

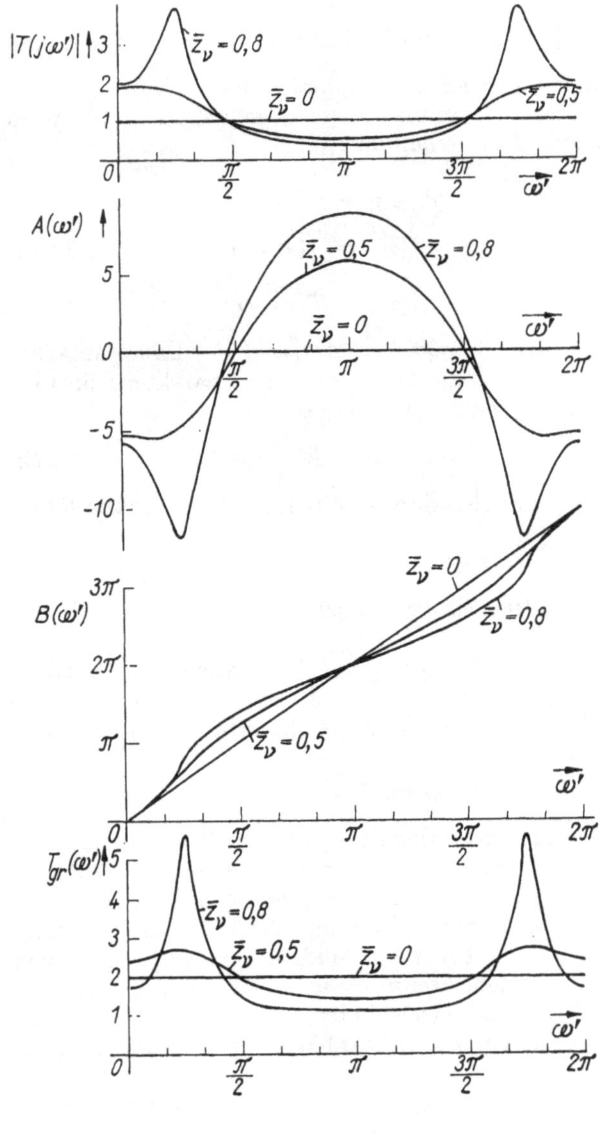

Phase und gering schwankender Gruppenlaufzeit im potentiellen Durchlaßbereich.

$\bar{z}_1 = \frac{1}{2}\sqrt{2}$ führt im Teilintervall $0 \leqq \omega' < \pi$ auf eine Art unsymmetrisches Bandpaßverhalten mit merklich nichtlinearer Phase und einem ausgeprägt ω'-abhängigen Gruppenlaufzeitverhalten.

Da

$$|T(j\omega')| = |T(-j\omega')|,$$

$$A(\omega') = A(-\omega') \tag{2.27a}$$

und

$$T_{gr}(\omega') = T_{gr}(-\omega')$$

gilt, sind die Betragscharakteristik, die Dämpfungscharakteristik und die Gruppenlaufzeitcharakteristik stets *gerade* Funktionen, bzw. wegen

$$B(\omega') = -B(-\omega') \tag{2.27b}$$

ist die Phasencharakteristik immer eine *ungerade* Funktion.

2.4. *Systemklassifizierungen*

Durch die Betrachtung von PN-Plänen, die aus Übertragungsfunktionen abgeleitet sind, können wir anschaulich verschiedene Systemklassen charakterisieren.

2.4.1. *Rekursive Systeme*

Allgemein sind rationale $T(z)$ mit reellen Koeffizienten $m \leqq n$ und Polbeträgen $\bar{z}_\nu < 1$ für $\nu = 1, 2, \ldots, n$ notwendige und hinreichende Bedingungen für ein absolut stabiles zeitdiskretes System. Tafel 2.4 (Fall a) zeigt einen PN-Plan bei $n = 7$ und $m = 6$. Im allgemeinen handelt es sich, wenn nicht alle Nennerkoeffizienten b_ν ($\nu = 1, 2, \ldots, n$) verschwinden, um *rekursive Systeme*, weil zur Berechnung „neuer“ $f_2(k)$-Werte auf vorangegangene

Tafel 2.4

Systemklassifizierung anhand von PN-Verteilungen

Fall a) Allgemeines rekursives System ($n = 7$, $m = 6$)
Fall b) Rekursives Minimalphasensystem ($n = 7$, $m = 6$)
Fall c) (Rekursives) Allpaßsystem ($n = m = 3$)
Fall d) Nichtrekursives System ($n = m = 9$)

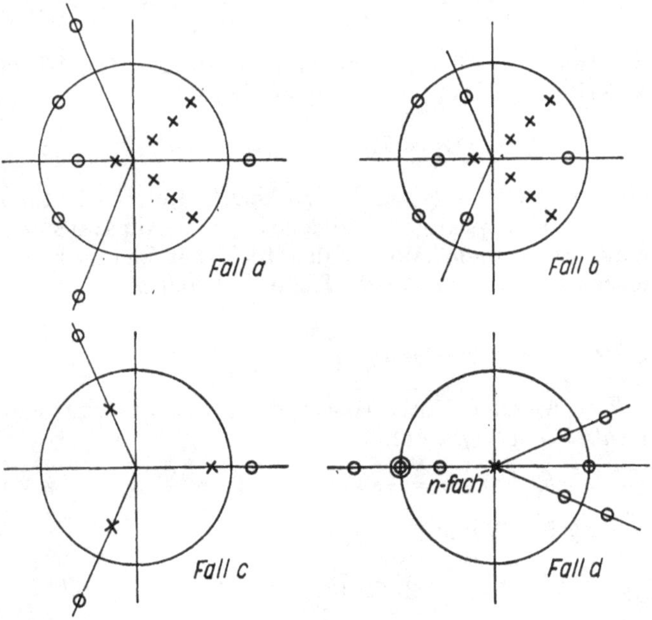

— und damit bekannte — Ausgangsabtastwerte zurückgegriffen werden muß.

Ein *minimalphasiges diskretes System* ist — in Anlehnung an den kontinuierlichen Fall — dadurch gekennzeichnet, daß

$$\bar{z}_{0\mu} \leqq 1, \quad \mu = 1, 2, \ldots, m \tag{2.28}$$

ist.

Fall b in Tafel 2.4 zeigt ein Beispiel mit $n = 7$ und $m = 6$.

Ein *diskretes Allpaß-System* verlangt

$$z_{0\nu} = \frac{1}{z_\nu^*}, \quad \nu = 1, 2, \ldots, n = m, \tag{2.29}$$

bzw.

$$T(z) = K \frac{b_n + b_{n-1} z^{-1} + \cdots + b_1 z^{-n+1} + z^{-n}}{1 + b_1 z^{-1} + b_2 z^{-2} + \cdots + b_n z^{-n}} \tag{2.29a}$$

mit einem PN-Plan, wie im Fall c (Tafel 2.4) für $n = m = 3$ skizziert. Damit ist offenbar, daß

$$T(z) = T_{\min}(z) \cdot T_{AP}(z) \tag{2.30}$$

gilt und jede allgemeine $T(z)$ durch Kettenschaltung eines minimalphasigen und eines reinen Allpaßsystems realisiert werden kann. (Fall a ist damit identisch mit einer „Überlagerung" von Fall b und Fall c.)

2.4.2. *Nichtrekursive Systeme*

Eine wichtige Unterklasse zeitdiskreter Systeme sind *nichtrekursive Systeme* mit

$$b_\nu = 0, \quad \nu = 1, 2, \ldots, n, \quad \text{bei } n = m. \tag{2.31}$$

Nach (2.5) gilt dann

$$f_2(k) = \sum_{\mu=0}^{n} a_\mu f_1(k - \mu), \quad \text{d. h.,} \tag{2.31a}$$

|| $f_2(k)$ ist ausschließlich aus $(n + 1)$ Eingangswerten $f_1(k - n) \ldots f_1(k)$ berechenbar

oder gemäß (2.19)

$$T(z) = \sum_{\mu=0}^{n} a_\mu z^{-\mu} = \frac{\sum_{\mu=0}^{n} a_\mu z^{n-\mu}}{z^n}, \quad \text{d. h.,} \tag{2.31b}$$

|| $T(z)$ hat n-Pole im Ursprung und wird damit stets durch ein absolut stabiles System realisiert

oder zurücktransformiert

$$g(k) = \sum_{\mu=0}^{n} a_\mu \delta(k - \mu), \quad \text{d. h.,}$$

g(k) ist stets eine endliche Folge der Länge $(n + 1)$, deren Koeffizienten identisch mit denen der Differenzengleichung bzw. der $\mathscr{Z}$-Übertragungsfunktion sind.

Aus (2.31 b) ist ersichtlich, daß bei $z = e^{j\omega'}$ der Frequenzgang

$$T(j\omega') = a_0 + a_1 e^{-j\omega'} + \cdots + a_n e^{-jn\omega'} \qquad (2.31\,d)$$

ein *trigonometrisches Polynom* n-ten Grades ist.
Ein wichtiger Spezialfall der nichtrekursiven Systeme sind solche mit *linearer Phase*, bei denen die n-Nullstellen spiegelbildlich zum Einheitskreis (Tafel 2.4, Fall d) liegen, d. h., für alle $\bar{z}_{0\mu} \neq 1$ gilt

$$z_{0i} = \frac{1}{z_{0j}^*}. \qquad (2.32)$$

Da m' Nullstellen bei $z = 1$ und m'' Nullstellen bei $z = -1$

die Linearphasigkeit nicht stören, gilt allgemein für solche Systeme

$$T(z) = a_0 z^{-n} (z - 1)^{m''} (z + 1)^{m''} \prod_{i=1}^{m} (z - z_{0i}) \left(z - \frac{1}{z_{0i}}\right)$$

mit

$$m' + m'' + 2m = n. \qquad (2.32\,a)$$

Abhängig vom Filtergrad (gerade oder ungerade) und vom Zählerpolynom (symmetrisch oder antimetrisch) unterscheiden wir vier Arten linearphasiger nichtrekursiver Systeme. Sie sind in Tafel 2.5 mit ihren Koeffizientenbedingungen, mit ihren Prinzipverläufen für $\{g(k)\}$ und mit ihren Frequenzgängen notiert. Die $T(j\omega')$ entarten dabei zu rein reellen oder rein imaginären trigonometrischen Polynomen.

Tafel 2.5

Prinzipdarstellung von Gewichtsfolgen nichtrekursiver Systeme mit linearer Phase und formelmäßiger Beschreibung der zugehörigen komplexen Frequenzgänge

Gewichtsfolge		Übertragungsfunktion
$\{g(k)\} = \sum_{\nu=0}^{n} a_\nu \delta(k-\nu)$	$\leftrightarrow$	$T(z) = \sum_{\nu=0}^{n} a_\nu z^{-\nu}$

Symmetrisches Polynom, d. h. $a_\nu = a_{n-\nu}$

n gerade: $n = 2q$	n ungerade: $n = 2q + 1$
$\nu = 0, 1, 2, \dots, \frac{n}{2} - 1$	$\nu = 0, 1, 2, \dots, \frac{n-1}{2}$

Gewichtsfolgen

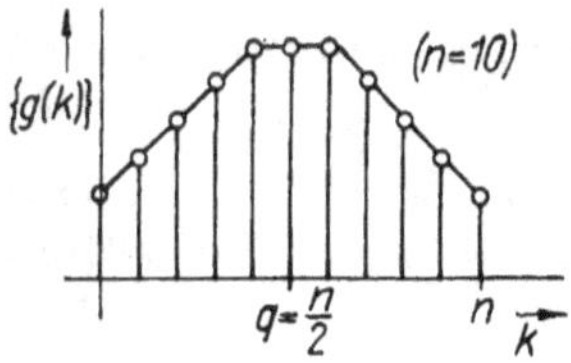

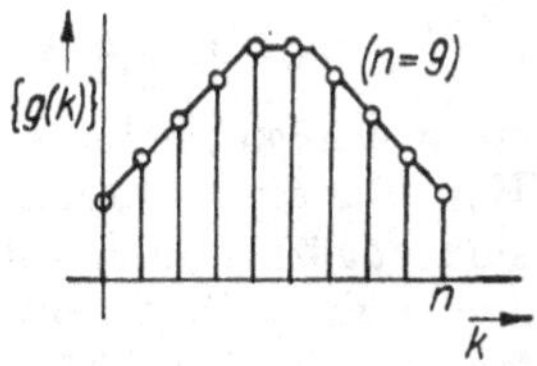

Frequenzgänge $T(\omega)$

$$\left(a_q + 2\sum_{\nu=0}^{q-1} a_\nu \cos(q-\nu)\,\omega'\right) e^{-jq\omega'} \qquad \left(2\sum_{\nu=0}^{q} a_\nu \cos\left(\frac{n}{2}-\nu\right)\omega'\right) e^{-j\frac{n}{2}\omega'}$$

Antimetrisches Polynom, d. h. $a_\nu = -a_{n-\nu}$

n gerade: $n = 2q$; $a_q = 0$	n ungerade: $n = 2q + 1$
$\nu = 0, 1, 2, \dots, \frac{n}{2} - 1$	$\nu = 0, 1, 2, \dots, \frac{n-1}{2}$

Gewichtsfolgen

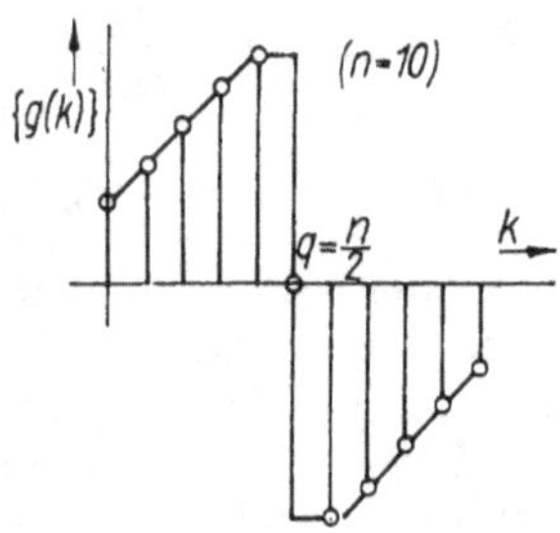

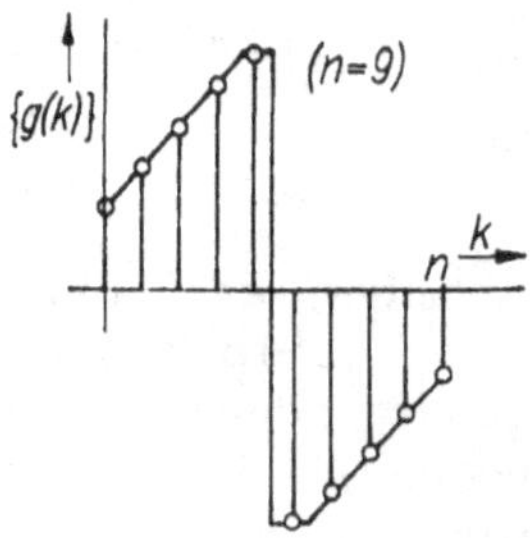

Frequenzgänge $T(\omega')$

$$\left(2\sum_{\nu=0}^{q-1} a_\nu \sin(q-\nu)\,\omega'\right) e^{-j\left(q\omega'-\frac{\pi}{2}\right)} \qquad \left(2\sum_{\nu=0}^{q} a_\nu \sin\left(\frac{n}{2}-\nu\right)\omega'\right) e^{-j\left(\frac{n}{2}\omega'-\frac{\pi}{2}\right)}$$

2.5. *Systemrealisierungen*

Aus einer bekannten Differenzengleichung in der Form (2.5) bzw. einem bekannten $\mathscr{Z}$-Übertragungsfaktor in der Form (2.19) ist es theoretisch problemlos — und damit viel einfacher als bei herkömmlichen Analogsystemen —, zugehörige zeitdiskrete Systeme zu entwickeln. Es gibt grundsätzlich verschiedene Möglichkeiten, deren Vielfalt mit dem Grad n wächst.

Vermehrte Bedeutung haben zunächst *kanonische Strukturen,* die sich durch eine minimale Anzahl von Verzögerungselementen T auszeichnen, die mit dem Systemgrad n identisch sind.

Als *1. kanonische Form* (= 1. Direktform) bezeichnen wir einen Strukturaufbau, wie in Tafel 2.6 (Fall a) dargestellt. Er entsteht, wenn wir $F_2(z) = T(z)\, F_1(z)$ aufspalten gemäß

$$W(z) = (a_0 + a_1 z^{-1} + \cdots + a_m z^{-m})\, F_1(z), \qquad (2.33a)$$

$$F_2(z) = \frac{1}{1 + b_1 z^{-1} + \cdots + b_n z^{-n}}\, W(z) \qquad (2.33b)$$

die Signale erst multiplizieren und danach verzögern. Nach dieser Regel können wir evident den genannten Strukturaufbau aufzeichnen. Fehlende einzelne b_ν bzw. a_μ haben einen Wegfall der zugehörigen Multiplizierer zur Folge.

Die *2. kanonische Form* (= 2. Direktform) basiert auf der Zerlegung

$$V(z) = \frac{1}{1 + b_1 z^{-1} + \cdots + b_n z^{-n}}\, F_1(z), \qquad (2.34a)$$

$$F_2(z) = (a_0 + a_1 z^{-1} + \cdots + a_m z^{-m})\, V(z) \qquad (2.34b)$$

die Signale erst verzögern und danach multiplizieren.

In Tafel 2.6 (Fall b) ist der realisierende Strukturaufbau aufgezeichnet. Nachteilig ist bei beiden Strukturen die vergleichsweise große Koeffizientenempfindlichkeit. Tatsächlich sind sie deshalb nur als „Teilsysteme" bis zum Grad $n = 2$ praktikabel, die für die nachfolgenden Ketten- bzw. Parallelformen typisch sind.

Tafel 2.6

Allgemeine Systemrealisierungen

a) 1. Kanonische Form, b) 2. kanonische Form,
c) Kaskaden- oder Kettenform, d) Parallelform

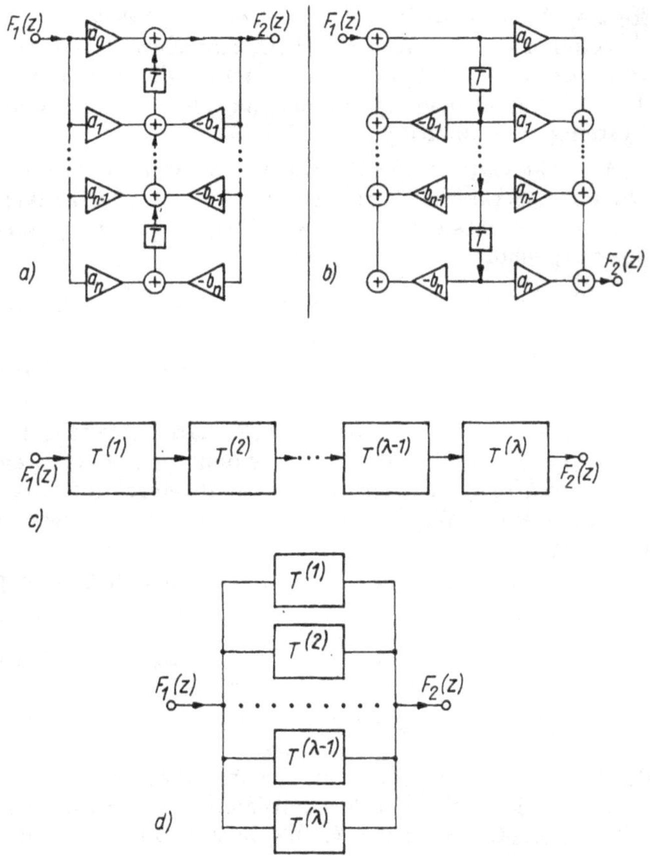

Die *3. kanonische Form* (Kettenform) entsteht durch Aufspaltung von $T(z)$ in ein Produkt von Teilübertragungsfunktionen 1. und 2. Grades gemäß

$$T(z) = \prod_{i=1}^{l} T_{\nu i}(z), \quad \nu = 1, 2, \tag{2.35}$$

mit

$$T_{1i}(z) = \frac{a_{0i} + 1_{1i} z^{-1}}{1 + b_{1i} z^{-1}} \tag{2.35a}$$

bzw.

$$T_{2i}(z) = \frac{a_{0i} + a_{1i} z^{-1} + a_{2i} z^{-2}}{1 + b_{1i} z^{-1} + b_{2i} z^{-2}} \tag{2.35b}$$

(siehe Tafel 2.6 (Fall c) skizzierte Anordnung). Die Teilsysteme, gehörend zu (2.35a) bzw. (2.35b), können wahlweise in der 1. oder 2. kanonischen Form realisiert werden. Ergänzend sei vermerkt: Durch bestimmte Dekomposition (d. h. Zuordnung von Polen und Nullstellen zu den einzelnen Teilsystemen) kann speziell der „Störabstand" verbessert werden. Generell ist auch die Koeffizientenempfindlichkeit geringer als bei den „Kompaktrealisierungen" in der 1. bzw. 2. kanonischen Form. Schließlich entsteht eine *4. kanonische Form*, wenn wir die Partialbruchzerlegung (wobei wir uns hier auf den wichtigen Praxisfall: alle Pole einfach, beschränken)

$$T(z) + c_0 + \sum_{i=1}^{l} \frac{\mathrm{Res}_i}{z - z_i} \tag{2.19b}$$

zugrunde legen. Dann kann $T(z)$ in der Form

$$T(z) = c_0 + \sum_{i=1}^{l} T_{\nu i}(z), \quad \nu = 1, 2, \tag{2.36}$$

mit

$$T_{1i}(z) = \frac{a_{1i} z^{-1}}{1 + b_{1i} z^{-1}}, \quad a_{1i} = \mathrm{Res}_i, \quad b_{1i} = -z_i \tag{2.36a}$$

und

$$T_{2i}(z) = \frac{a_{1i} z^{-1} + a_{2i} z^{-2}}{1 + b_{1i} z^{-1} + b_{2i} z^{-2}} \tag{2.36b}$$

bei

$$a_{1i} = 2\,\mathrm{Re}\,(\mathrm{Res}_i), \qquad a_{2i} = -2\,\mathrm{Re}\,(\mathrm{Res}_i z_i^*),$$

$$b_{1i} = -2\,\mathrm{Re}(z_i), \qquad b_{2i} = \bar{z}_i^2 = |z_i|^2$$

geschrieben werden. Die zugehörige Systemstruktur ist in Tafel 2.6 (Fall d) ausgewiesen. Im Gegensatz zur 3. kanonischen Form sind die Polstellen hier jedem Teilsystem fest zugeordnet. Bezüglich der Koeffizientenempfindlichkeit sind die Ergebnisse ähnlich wie bei der zuvor genannten Realisierung.

Außer diesen Grundformen ist eine Vielzahl weiterer Misch- oder Hybridformen denkbar. Nichtrekursive zeitdiskrete Systeme sind als Sonderfälle enthalten. In den Fällen a) ... c) (Tafel 2.6) zeichnen sie sich dadurch aus, daß die b_ν-Multiplizierer (= Rückführungen) fehlen. Speziell aus der 2. kanonischen nichtrekursiven Form erhalten wir den als *Transversalfilter* (oder Echoentzerrer) bekannten Strukturaufbau, wie in Tafel 2.7 (Fall a) skizziert. Nichtrekursive Systeme mit zusätzlich linearer Phase, d. h. symmetrischen oder antimetrischen Koeffizienten a_μ, erfordern deshalb etwa nur die Hälfte der Anzahl an Multiplizierern. Zur Veranschaulichung sind für das zum symmetrischen Polynom $a_\nu = a_{n-\nu}$ mit n gerade, also $n = 2q$, gehörende $T(z)$ (d. h. der Fall links oben in Tafel 2.4) der analytische Ausdruck und die zugehörige Systemrealisierung in Tafel 2.7 (Fall b) dargestellt.

Realisierungen mit weniger als n Verzögerungselementen (= Speichern) sind grundsätzlich nicht möglich. Der Leser wolle bemerken, daß bei den Direktformen Vor- und Rückwärtssignale jeweils die gleichen „Verzögerungswege" benutzen. In Abb. 2.2 ist eine *nichtkanonische Struktur* aufgezeichnet, die $(m + n)$ Speicher, $(m + n + 1)$ Multiplizierer und 2 Addierer mit $(m + 1)$ bzw. n Summanden benötigt.

Abschließend sei bemerkt, daß Strukturprobleme im Zusammenhang mit tatsächlichen Realisierungen sehr wichtig sind und ein eigenes Forschungsgebiet darstellen.

Tafel 2.7

Realisierungen für nichtrekursive Systeme

a) allgemeiner Fall (Transversalfilter mit einem $(n + 1)$-Summanden Addierer

b) Linearphasiges System mit $q = \frac{n}{2}$ Multiplizierern

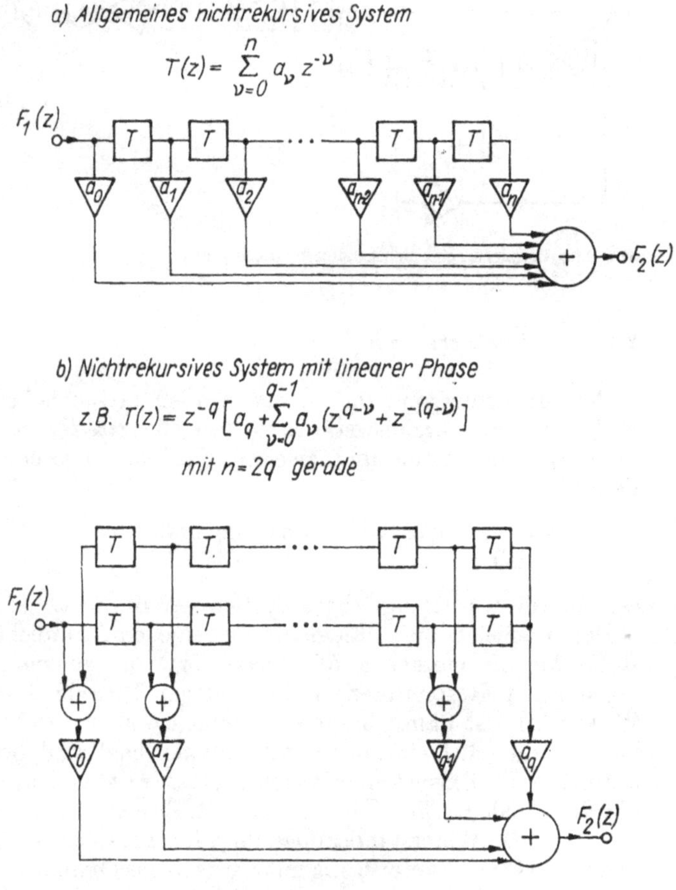

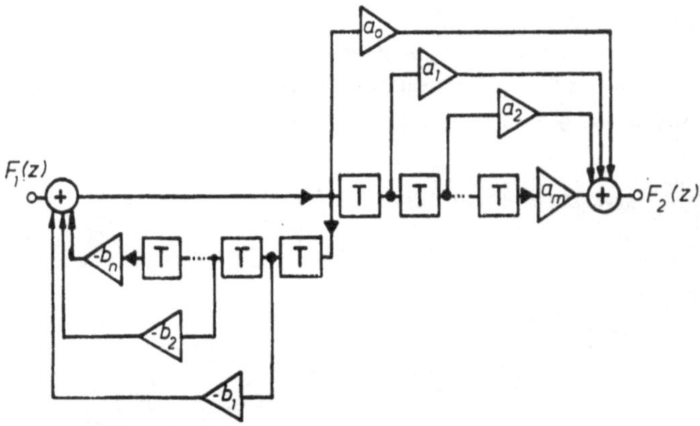

Abb. 2.2. Beispiel für eine nichtkanonische Realisierung

2.6. *Praktische Fälle*

Bei Anwendungen (und damit in allen tatsächlichen Fällen) werden vorzugsweise *elementare rekursive Systeme* (d. h. Systeme ersten und zweiten Grades) eingesetzt, deren

— Kaskaden- oder Kettenschaltung bzw.
— Parallelschaltung

ein gefordertes höhergradiges System verwirklicht.

Damit spielen diese Elementarsysteme eine ähnliche Rolle wie die einfachen *RC*-Glieder bzw. die Schwingkreisformen (Resonatoren) in der analogen Technik. Das Wirkprinzip ist damit besonders einfach und übersichtlich, weil die „rückwirkungsfreie Zusammenschaltung" bei zeitdiskreten Teilsystemen vorausgesetzt werden kann. (In der Analogtechnik sind dafür i. R. Zusatzbedingungen — z. B. Widerstandsanpassung im passiven Fall, Spannungsverstärkerausgang mit vernachlässigbarem Innenwiderstand — zu beachten, und es ist ein Mehraufwand an Schaltelementen (z. B. Aufbau als Anpassungsglieder, Trennstufen) typisch. Bei Realisierungen durch zeitdiskrete Systeme sind die „Zerlegungsgleichungen“ (2.35) bzw. (2.36) anzuwenden, zu denen „Blockschaltbilder“ gehören, wie in Tafel 2.6 (Fall c) und (Fall d) skizziert.

In Tafel 2.8 sind für das zeitdiskrete System erster Ordnung die Differenzengleichung, die Zustandsgleichungen (mit nur skalaren Verknüpfungen), die Gewichtsfolge, die Übertragungsfunktion und die kanonischen Realisierungen zusammengestellt.

Entsprechend sind in Tafel 2.9 für das zeitdiskrete System zweiter Ordnung die Kenngrößen und Realisierungen notiert. (Dem Leser wird empfohlen, die aufgeschriebenen Relationen aus den zuvor entwickelten allgemeinen Formelbeziehungen herzuleiten. Es ist eine vorzügliche Übung, da dadurch eine bestimmte Fertigkeit in der Anwendung des Wissens belegt wird.)

Tatsächlich haben die (Bild-) Übertragungsfunktionen eine zentrale Bedeutung, und es ist mühelos möglich, daraus z. B. die Gewichtsfolgen und die Realisierungen zu gewinnen. Die Stabilitätsfrage ist ebenfalls einfach zu beantworten. Während beim System erster Ordnung

$$|b_1| < 1, \text{ reell} \tag{2.37a}$$

gilt, ist bei $n = 2$ die simultane Erfüllung von

$$|b_1| < 1 + b_2 \quad \text{und} \quad |b_2| < 1 \tag{2.37b}$$

erforderlich. In Abb. 2.3 sind in der Form $b_1 = f(b_2)$ „Zulässigkeitsgebiete“ für die Fälle

- reelle Pole ($z_\nu > 0, \nu = 1, 2$),
- reelle Pole ($z_1 \lesseqgtr 0, z_2 \gtreqless 0$),
- reelle Pole ($z_\nu < 0, \nu = 1, 2$),
- reeller Doppelpol,
- zwei konjugiert komplexe Pole ($z_1 = z_2^*$)

dargestellt. Außerdem sind für den letzten Fall Linien mit $\bar{z}_1 = \bar{z}_2 = \text{const}$ bzw. $\text{arc}\, z_1 = -\text{arc}\, z_2 = \text{const}$ ein-

Tafel 2.8

Kenngrößen und Realisierungen für Systeme erster Ordnung

DIFFERENZENGLEICHUNG

$$f_2(k) = a_0 f_1(k) + a_1 f_1(k) - b_1 f_2(k-1)$$

ZUSTANDSGLEICHUNGEN

$$x(k+1) = ax(k) + bf_1(k)$$

$$f_2(k) = cx(k) + df_1(k)$$

mit

$a = -b_1$,	$b = a_1 - b_1 a_0$	$a = -b_1$,	$b = 1$
$c = 1$,	$d = a_0$	$c = a_1 - b_1 a_0$,	$d = a_0$

GEWICHTSFOLGE

$$g(0) = a_0,\ g(k) = (a_1 - b_1 a_0)(-b_1)^{k-1} \quad \text{für} \quad k > 0 \quad \text{oder}$$

$$\{g(k)\} = \big(a_0, (a_1 - b_1 a_0), -b_1(a_1 - b_1 a_0), +b_1^2(a_1 - b_1 a_0), -b_1^3(a_1 - b_1 a_0), \ldots\big)'$$

ÜBERTRAGUNGSFUNKTION

$$T(Z) = \frac{F_2(z)}{F_1(z)} = \frac{a_0 + a_1 z^{-1}}{1 + b_1 z^{-1}} = a_0 \frac{z - z_{01}}{z - z_1}$$

Stabil bei $|b_1| < 1$ oder $z_1 < 1$ ($\bar{z}_1$ reell)

REALISIERUNGEN

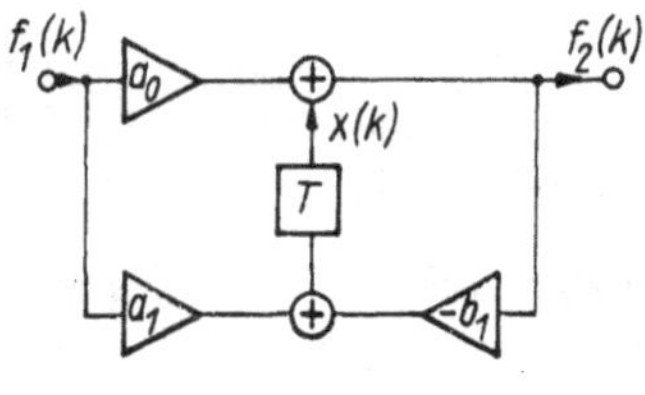

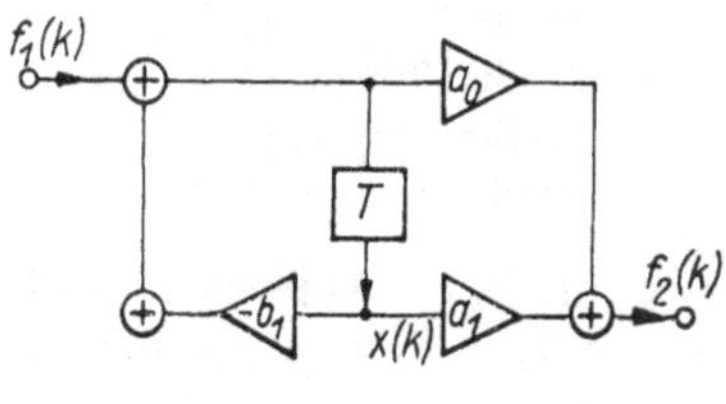

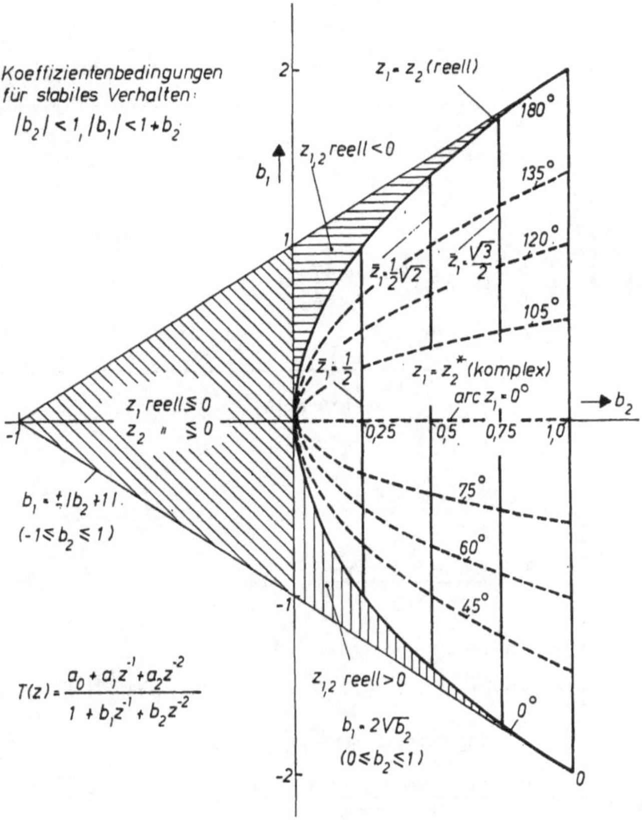

Abb. 2.3. Zulässigkeitsgebiete für Nennerkoeffizienten b_ν bei Systemen 2. Grades (Zusätzlich sind Linien $\bar z_\nu$ = const (ν = 1, 2) bzw. arc z_1 = − arc z_2 = const für komplexe Pole eingetragen)

Tafel 2.9

Kenngrößen und Realisierungen für Systeme zweiter Ordnung

Differenzengleichung

$$f_2(k) = a_0 f_1(k) + a_1 f_1(k-1) + a_2 f_1(k-2) - b_1 f_2(k-1) - b_2 f_2(k-2)$$

Zustandsgleichungen

$$\boldsymbol{x}(k+1) = \boldsymbol{A}\boldsymbol{x}(k) + \boldsymbol{b}f_1(k)$$

$$f_2(k) = \boldsymbol{c}\boldsymbol{x}(k) + df_1(k)$$

mit $\boldsymbol{A} = \begin{pmatrix} -b_1 & 1 \\ -b_2 & 0 \end{pmatrix}$, $\boldsymbol{b} = \begin{pmatrix} a_1 - b_1 a_0 \\ a_2 - b_2 a_0 \end{pmatrix}$	$\boldsymbol{A} = \begin{pmatrix} -b_1 & -b_2 \\ 1 & 0 \end{pmatrix}$, $\boldsymbol{b} = \begin{pmatrix} 1 \\ 0 \end{pmatrix}$
$\boldsymbol{c} = (1, 0)$, $d = a_0$	$\boldsymbol{c} = (a_1 - b_1 a_0, a_2 - b_2 a_0)$, $d = a_0$

Gewichtsfolgen

$g(0) = a_0$ und für $k > 0$

$$g(k) = \begin{cases} \dfrac{(a_1 - a_0 b_1) z_1 + a_2 - a_0 b_2}{z_1 - z_2} z_1^{k-1} \\ \quad + \dfrac{(a_1 - a_0 b_1) z_2 + a_2 - b_2 a_0}{z_2 - z_1} z_2^{k-1} & \text{bei } z_1 \neq z_2, \text{ reell} \\ [a_2 - a_0 b_2 + (a_1 - a_0 b_1) z_1] (k-1) z_1^{k-2} \\ \quad + (a_1 - a_0 b_1) z_1^{k-1} & \text{bei } z_1 = z_2, \text{ reell} \\ (a_1 - a_0 b_1) \bar{z}_1^{k-1} \cos\left(\operatorname{arc} z_1 (k-1)\right) \\ \quad + \dfrac{(a_1 - a_0 b_1) \bar{z}_1 \cos(\operatorname{arc} z_1) + a_2 - a_0 b_2}{\bar{z}_1 \sin(\operatorname{arc} z_1)} \bar{z}_1^{k-1} \sin\left(\operatorname{arc} z_1 (k-1)\right) \\ & \text{bei } z_1 = \bar{z}_1 \, e^{j \operatorname{arc} z_1} = z_2^* \end{cases}$$

Übertragungsfunktion

$$T(z) = \frac{F_2(z)}{F_1(z)} = \frac{a_0 + a_1 z^{-1} + a_2 z^{-2}}{1 + b_1 z^{-1} + b_2 z^{-2}} = a_0 \frac{(z - z_{01})(z - z_{02})}{(z - z_1)(z - z_2)},$$

stabil bei
$b_0 < 1$
$|b_1| < 1 + b_2$

Tafel 2.9 (Fortsetzung)

Realisierungen

1. Kanonische Form

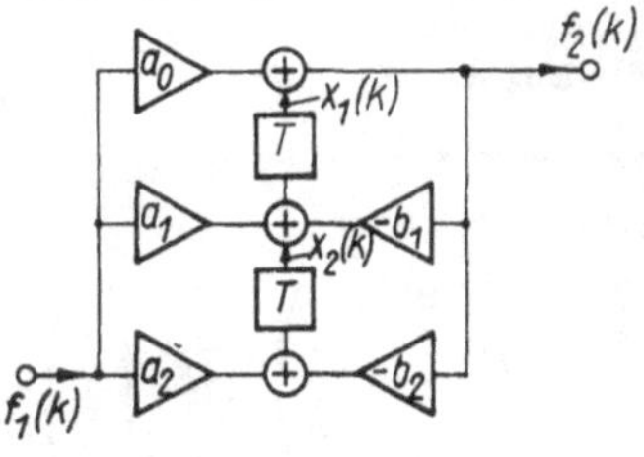

2. Kanonische Form

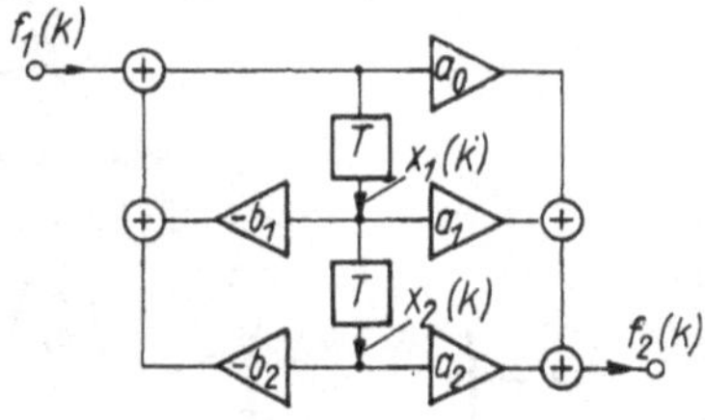

getragen. Schließlich sind in Tafel 2.10 für *nichtrekursive* zeitdiskrete *Systeme beliebigen Grades* die Differenzengleichung, die Zustandsgleichungen, die (endliche) Gewichtsfolge, die Übertragungsfunktion und die kanonischen Realisierungen aufgeschrieben. Diese Systeme repräsentieren einen in den Anwendungen verbreiteten Sonderfall, der bei zusätzlich möglicher linearer Phase noch weiter spezialisiert wird (s. d. auch Tafel 2.4).

Die Theorie der zeitdiskreten Systeme hat sich, fußend auf modernen Simulations- und Realisierungsmethoden, rasch entwickelt. Wenn ein lineares und zeitinvariantes Modell zugrunde gelegt wird, entstehen sehr übersichtliche und praktikable Zusammenhänge. Die formale Analogie zu den herkömmlichen Analognetzwerken ist vollkommen und damit geeignet, dem Lernenden die Begriffsbildung und die Handhabung der Ergebnisse zu erleichtern. (In Tafel 2.11 sind zusammenfassend ausgewählte Beschreibungsformen für analoge und zeitdiskrete Netzwerke gegenübergestellt.)

Tafel 2. 10

Kenngrößen und Realisierungen für nichtrekursive Systeme

Differenzengleichung

$$f_2(k) = a_0 f_1(k) + a_1 f_1(k-1) + \cdots + a_1 f_1(k-n) = \sum_{\nu=0}^{n} a_\nu f_1(k-\nu)$$

Zustandsgleichungen

$$\boldsymbol{x}(k+1) = \boldsymbol{A}\boldsymbol{x}(k) + \boldsymbol{b} f_1(k)$$

$$f_2(k) = \mathbf{c}\boldsymbol{x}(k) + d f_2(k)$$

$$\boldsymbol{A} = \begin{pmatrix} 0 & 1 & 0 & . & . \\ 0 & 0 & 1 & . & . \\ . & . & . & . & . \\ 0 & 0 & 0 & . & 1 \\ 0 & 0 & 0 & . & 0 \end{pmatrix} \quad \boldsymbol{b} = \begin{pmatrix} a_1 \\ a_2 \\ . \\ . \\ a_n \end{pmatrix} \qquad \Bigg| \qquad \boldsymbol{A} = \begin{pmatrix} 0 & 0 & . & . & . \\ 1 & 0 & . & . & . \\ 0 & 1 & . & . & . \\ . & . & . & 0 & 0 \\ . & . & . & 1 & 0 \end{pmatrix} \quad \boldsymbol{b} = \begin{pmatrix} 1 \\ 0 \\ 0 \\ . \\ . \end{pmatrix}$$

$\mathbf{c} = (1, 0, 0, \ldots), \quad d = a_0$ | $\mathbf{c} = (a_1, a_2, a_3, \ldots), \quad d = a_0$

(Endliche) Gewichtsfolge (der Länge n)

$$g(k) = a_0\delta(k) + a_1\delta(k-1) + \cdots + a_n\delta(k-n) = \sum_{\nu=0}^{n} a_\nu \delta(k-\nu)$$

$$\frac{F_2}{F_1} = T(z) = a_0 + a_1 z^{-1} + a_2 z^{-2} + \cdots + a_n z^{-n} = \sum_{\nu=0}^{n} a_\nu z^{-\nu}$$

Realisierungen

1. Kanonische Form

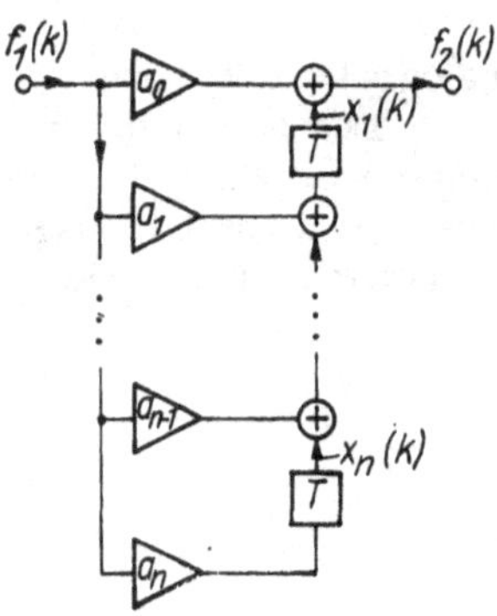

2. Kanonische Form

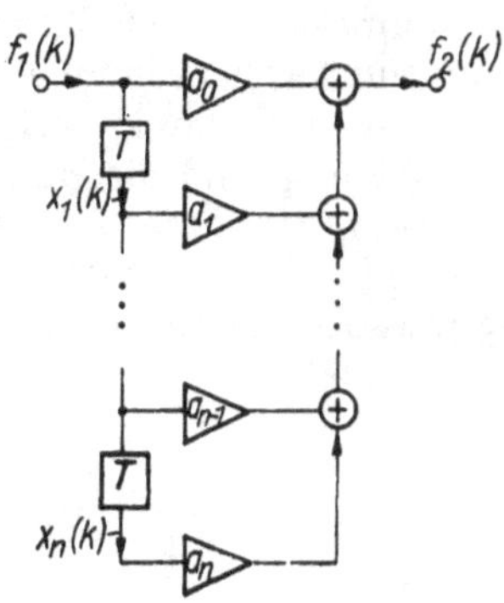

Tafel 2.11

Gegenüberstellung der Beschreibungsmöglichkeiten für analoge und zeitdiskrete Netzwerke

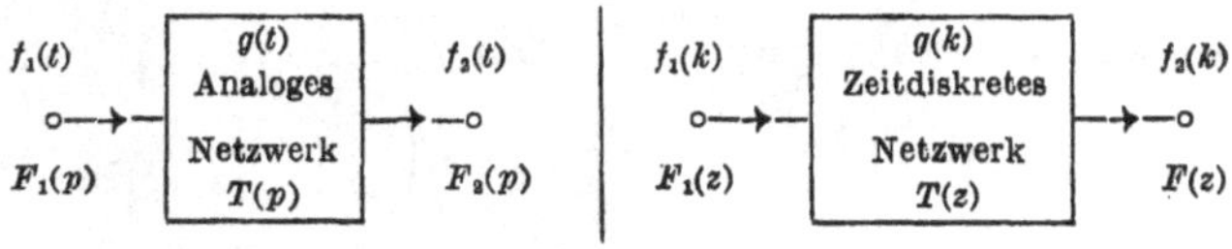

Zeitbereich

$$\sum_{\nu=0}^{n} b_\nu f_2^{(\nu)}(t) = \sum_{\mu=0}^{m} a_\mu f_1^{(\mu)}(t) \qquad \Bigg| \qquad \sum_{\nu=0}^{n} b_\nu f_2(k-\nu) = \sum_{\mu=0}^{m} a_\mu (k-\mu)$$

$(a_m/b_n = K)$ mit $m \leqq n$ $(b_0 = 1)$

Impulsantwort

$g(t)$ $\{g(k)\}$

Systemantwort

$$\int_0^\infty f_1(\tau)\, g(t-\tau)\, \mathrm{d}\tau = f_2(t) \qquad \textbf{(Faltung)} \qquad \sum_{\nu=0}^{n} f_1(\nu)\, g(n-\nu) = f_2(k)$$

Bildbereich

$$T(p) = \frac{\mathscr{L}\{f_2(t)\}}{\mathscr{L}\{f_1(t)\}} = \mathscr{L}\{g(t)\} \qquad \Bigg| \qquad T(z) = \frac{\mathscr{Z}\{f_2(k)\}}{\mathscr{Z}\{f_1(k)\}} = \mathscr{Z}\{g(k)\}$$

Polynomdarstellung

$$= \frac{\sum\limits_{\mu=1}^{m} a_\mu p^\mu}{\sum\limits_{\nu=1}^{n} b_\nu p^\nu} \qquad\qquad = \frac{\sum\limits_{\mu=0}^{m} a^\mu z^{-\mu}}{1 + \sum\limits_{\nu=1}^{n} b_\nu z^{-\mu}}$$

PN-Darstellung

$$= K \frac{\prod\limits_{\mu=1}^{m} (p - p_{0\mu})}{\prod\limits_{\nu=1}^{n} (p - p_\nu)} \qquad \Bigg| \qquad = a_0 \frac{\prod\limits_{\mu=1}^{m} (z - z_{0\mu})}{\prod\limits_{\nu=1}^{n} (z - z_\nu)}$$

$$\int_0^\infty |g(t)|\, \mathrm{d}t < M_1 < \infty \qquad \textbf{Stabilität} \qquad \sum_{\nu=0}^{\infty} |g(\nu)| = M_2 < \infty$$

bzw. bzw.

$\operatorname{Re} p_\nu < 0 \quad (\nu = 1, 2, \ldots, n)$ | $\bar{z} = |z_\nu| < 1 \quad (\nu = 1, 2, \ldots, n)$

Tafel 2.11 (Fortsetzung)

Impulsantwort (einfache Pole) mit

$g(t) = R_\infty \delta(t) + \left(\sum_{\nu=1}^{n} \mathrm{Res}_\nu \, e^{p_\nu t}\right) s(t)$	$g(k) = R_\infty \delta(k) + \left(\sum_{\nu=0}^{n} \mathrm{Res}_\nu \, z_\nu^{k-1}\right) s(k-1)$
$\mathrm{Res}_\infty = \lim_{p \to \infty} T(p)$	$\mathrm{Res}_\infty = \lim_{z \to \infty} T(z)$
$\mathrm{Res}_\nu = \lim_{p \to p_\nu} (p - p_\nu)\, T(p)$	$\mathrm{Res}_\nu = \lim_{z \to z_\nu} (z - z_\nu)\, T(z)$

Frequenzgänge

$T(j\omega) = \dfrac{\sum_{\mu=0}^{m} a_\mu (j\omega)^\mu}{\sum_{\nu=0}^{n} b_\nu (j\omega)^\mu}$	$T(j\omega') = \dfrac{\sum_{\mu=0}^{m} a_\mu e^{j\mu\omega'}}{1 + \sum_{\nu=1}^{n} b_\nu e^{j\nu\omega'}}$
$= K \dfrac{\prod_{\mu=1}^{m} (j\omega - p_{0\mu})}{\prod_{\nu=1}^{n} (j\omega - p_\nu)}$	$= a_0 \dfrac{\prod_{\mu=1}^{m} (z - z_{0\mu})}{\prod_{\nu=1}^{n} (z - z_1)}$
$\lvert T(j\omega)\rvert = \lvert T(-j\omega)\rvert$	$\lvert T(j\omega')\rvert = \lvert T(-j\omega')\rvert$
$B(\omega) = -B(-\omega)$	$B(\omega') = -B(-\omega')$

Lineare Phase

nicht möglich	$T(j\omega') \triangleq$ Trigonometrisches Polynom $(n = m)$

Allpässe

$(n = m)$

$p_\nu = -p_{0\nu}^*$	$z_\nu = \dfrac{1}{z_{0\nu}^*}$
$T_{AP}(p) = K \dfrac{\sum_{\nu=0}^{n} (-1)^\nu b_\nu p^\nu}{\sum_{\nu=0}^{n} b_\nu p^\nu}$	$T_{AP}(z) = a_0 \dfrac{\sum_{\mu=0}^{n} b_{n-\nu} z^{-\nu}}{\sum_{\nu=0}^{n} b_\nu z^{-\mu}}$
$= K \dfrac{G(-p)}{G(p)}$	$= a_0 z^{-n} \dfrac{G\left(\frac{1}{z}\right)}{G(z)}$

3. Entwurf zeitdiskreter Netzwerke

3.1. Problematik

Wie beim analogen Netzwerkentwurf ist es auch für zeitdiskrete Systeme möglich, vorgeschriebene Eigenschaften im Zeit- oder/und Frequenzbereich mit beliebig kleiner Abweichung (bzw. in Sonderfällen genau) zu erfüllen. Dabei sind, wie früher, die Bedingungen für Zulässige Funktionen (wie in Abschnitt 2. explizit besprochen) zu berücksichtigen. Hinzu kommen – wie ebenfalls bekannt – Aspekte der praktischen Realisierung, die schließlich eine technisch-ökonomische Ausführung gewährleisten.

Obwohl die eigentlichen Realisierungsprobleme vergleichsweise einfacher sind, halten wir an der bewährten Einteilung

Approximationsmethoden und Realisierungen
fest, wobei es praktikabel ist, von Anfang an zwischen
nichtrekursiven Systemen und rekursiven Systemen

zu unterscheiden.

Approximationen bei Vorschriften im Zeitbereich

Nichtrekursive zeitdiskrete Netzwerke mit vorgeschriebener (endlicher) Impulsfolge lassen sich nach Tafel 2.10 mühelos in kanonische Realisierungen umsetzen, da die Koeffizienten der Gewichtsfolge unmittelbar die Multipliziererkonstanten darstellen. Solche Entwurfsaufgaben spielen u. a. bei Datenübertragungsaufgaben eine Rolle. Eine weitere herausragende Anwendung sind Verwirklichungen als *Korrelationsfilter*, wie in Abschnitt 3.2.1. detailliert erläutert.

Ein weiterer noch gut überschaubarer Fall ist die *Impulsinvariant-Transformation*, bei der die Gewichtsfolge des Diskret-Netzwerkes mit der Gewichtsfunktion eines Bezugs-Analog-Netzwerkes in den Abtastzeitpunkten kT übereinstimmt und die i. a. zu *rekursiven* Anordnungen führt. Obwohl dieser Ansatz die Eigenschaften hat,

- das Faltungsintegral als Summe von Rechtecken der Breite T zu approximieren und
- bei bandbegrenzten Eingangssignalen die Abweichung

$$\Delta f_2 = f_{2\text{analog}}(kT) - f_{2\text{diskret}}(kT) \tag{3.1}$$

zu minimieren,

weichen i. a. die Frequenzgänge der analogen und der zeitdiskreten Ausführung beträchtlich voneinander ab. Durch entsprechende Wahl einer genügend hohen Abtastfrequenz bzw. einer hinreichend kleinen Taktzeit kann dieser Fehler gemindert werden. Tatsächlich sind aber durch die verfügbaren A/D-Wandler praktische Grenzen gesetzt.

Komplizierter ist die Approximation von rekursiven Systemen mit beliebig verlaufenden Impulsantworten [B 16]. Dagegen sind die Möglichkeiten diskreter Systeme auf geläufige Probleme der numerischen Mathematik zugeschnitten. So lassen sich z. B. die Rechenvorschriften

- numerische Differentiation, hergeleitet aus

$$f_2(t) = \frac{\mathrm{d}f_1(t)}{\mathrm{d}t} \tag{3.2}$$

- numerische Integration, hergeleitet aus

$$f_2(t) = \int_0^t f_1(\tau)\,\mathrm{d}\tau + f_2(0) \quad \text{und} \tag{3.3}$$

- numerische Hilbert-Transformation, hergeleitet aus

$$f_2(t) = \frac{1}{\pi}\,\mathrm{VP}\int_{-\infty}^{\infty} \frac{f_1(\tau)}{t-\tau}\,\mathrm{d}\tau \tag{3.4}$$

für ausgewählte Funktionen und gegebenenfalls mit „zeitlichen Verzögerungen“ approximativ, d. h. dargestellt durch Ursachen- und Wirkungsfolgen, mit zeitdiskreten Systemen apparativ durchführen, (VP = Valor Principalis $\triangleq$ Hauptwert).

Approximationen bei Vorschriften im Frequenzbereich

Wenn $f(t)$ ein analoges Signal und $F(j\omega)$ sein Spektrum ist, dann hat die Abtastmodellfunktion $f_*(t)$ ein Spektrum gemäß (1.20a), aus dem sich i. a. *grundsätzlich nicht* fehlerfrei $f(t)$ zurückgewinnen läßt. Dies gelingt nur, wenn zusätzlich eine *Bandbegrenzung* mit

$$F(j\omega) = 0 \quad \text{für} \quad |\omega| \geqq \omega_g \quad \text{und} \quad \omega_A = \frac{2\pi}{T} \geqq 2\omega_g \tag{3.5}$$

wirksam ist. Da aber für kausale Signale stets

$$f(t) = 0 \quad \text{für} \quad t < 0 \tag{3.6}$$

Voraussetzung ist, wird in diesem Vorzugsfall (4.5) immer verletzt. (Anders gesagt: Jede „zeitlich abgeschnittene Funktion" hat ein unendlich breites Spektrum und umgekehrt.)

Wie wir noch kennenlernen werden, kann im Filterfall ω_A in Abhängigkeit von der speziellen Frequenzaufteilung (d. h. TP, HP, BP, BS) „unterboten" werden.
Auch hier ist es zweckmäßig, zwischen

— nichtrekursiven Diskretfiltern mit linearer Phase und
— rekursiven Diskretfiltern zu unterscheiden.

(Bewußt sprechen wir jetzt anstelle des Diskret-Netzwerkes vom Diskret-Filter, weil im Frequenzbereich i. R. die Erfüllung vorgeschriebener Selektionsvorschriften gefordert wird.)

Im ersten Fall ist eine reelle und gerade oder eine imaginäre und ungerade ideale Übertragungsfunktion $T_i(\omega)$ durch ein *trigonometrisches Polynom* zu approximieren. Dazu sind prinzipiell entweder

— eine FOURIER-*Approximation* (Einzelheiten s. Abschn. 3.3.1.) oder
— eine TSCHEBYSCHEFF-*Approximation* [S 2] brauchbar.

Im zweiten Fall werden die Methoden und Ergebnisse der herkömmlichen analogen Approximationen (*Bezugsfilterapproximationen*) verwendet, indem entweder ein

- Entwurf im p-Bereich mit Hilfe der *Bilinear-Transformation* (Einzelheiten s. Abschn. 3.3.2.) oder ein
- Entwurf im z-Bereich [B 14]

vorgenommen wird. Auf diese Weise sind die Rechenprogramme und Kataloglösungen des analogen Filterentwurfs auch für Diskretfilter nutzbar.

3.2. *Entwurf bei Vorschriften im Zeitbereich*

3.2.1. *Korrelationsfilter-Approximationen für nichtrekursive Realisierungen*

Aus der Systemtheorie der Nachrichtenübertragung ist bekannt [F 4], daß *Korrelations-* oder Matched-*Filter* für den Empfang gestörter Energiesignale (d. h. Impulssignale endlicher Dauer) am besten geeignet sind. Das zugrunde liegende Optimierungskriterium maximiert das Verhältnis Signalenergie/Leistungsdichte des Rauschens, und es gibt einen genau bekannten Zeitpunkt im Empfänger, wo unter diesen Bedingungen das Vorhandensein des Sendeimpulses nachgewiesen werden kann. Die Konstruktionsvorschrift dazu heißt — in analoger Formulierung —

$$g_{\mathrm{opt}}(t) = K f_1\big(-(t - t_0)\big). \tag{3.7}$$

Für kausale $f_1(t)$ der Länge δ sind nur $g_{\mathrm{opt}}(t)$ für Werte

$$t_0 \geqq \delta \tag{3.7a}$$

realisierbar, während K eine beliebige reelle Konstante ist (die vielfach gleich 1 gewählt wird). Es ist bemerkenswert, daß $g_{\mathrm{opt}}(t)$ unabhängig von der speziellen Signalform $f_1(t)$ ist und nicht vom Rauschpegel beeinflußt wird. Übertragen in eine zeitdiskrete Form, gilt offenbar mit $t = kT$

$$g_{\mathrm{opt}}(kT) = K f_1\big(-(kT - t_0)\big), \tag{3.8}$$

wobei praktisch

$$t_0 = nT \tag{3.8a}$$

(als kleinster zulässiger Wert) gewählt wird. Somit gilt in der von uns benutzten vereinfachten Schreibweise

$$g_{\text{opt}}(k) = Kf_1\big(-(k-n)\big). \tag{3.9}$$

Da voraussetzungsgemäß nur endliche Eingangsfolgen $f_1(k)$ in Betracht kommen, wird $g_{\text{opt}}(k)$ grundsätzlich durch ein nichtrekursives Diskret-Netzwerk verwirklicht.

Die Antwortfunktion $$f_2(t) = f_1(t) * g_{\text{opt}}(t) \tag{3.10}$$

ist eine modifizierte Autokorrelationsfunktion – deshalb die Bezeichnung Korrelationsfilter – des Eingangsimpulses mit der besonderen Eigenschaft, daß bei t_0 das Empfangssignal „maximal herausragt" und damit bei diesem Zeitpunkt störunempfindlich registriert werden kann. Im zeitdiskreten Fall tritt an Stelle von (3.10) die diskrete Faltung mit den in Tafel 2.1 erläuterten Berechnungsregeln. Zur Herleitung von $g_{\text{opt}}(k)$ ist es nur notwendig, $f_1(k)$ an der Ordinate zu spiegeln und anschließend um n Taktzeiten zu verzögern, damit die Realisierbarkeit garantiert wird.

Beispiel 3.1

Vertrautwerden mit dem Entwurf eines zeitdiskreten Korrelatonsfilters

Gegeben: Eingangsfolge $\{f_1(k)\} = (4, 3, 2, 1)$

Gesucht:

1. Zugehörige kausale Korrelatonsfilter-Gewichtsfolge
2. Antwort des Korrelationsfilters
3. $\mathscr{Z}$-Übertragungsfunktion
4. (2. kanonische) Realisierung.

Lösung:

Zu 1. In Tafel 3.1 (links oben) ist $f_1(k)$ grafisch dargestellt, und wir bemerken, daß dadurch ein asymmetrischer Dreieckimpuls zeitdiskret simuliert wird. Durch Spiegelung an der

Tafel 3.1 Erläuterung des Korrelationsfilter-Entwurfs für ein gegebenes $\{f_1(k)\}$

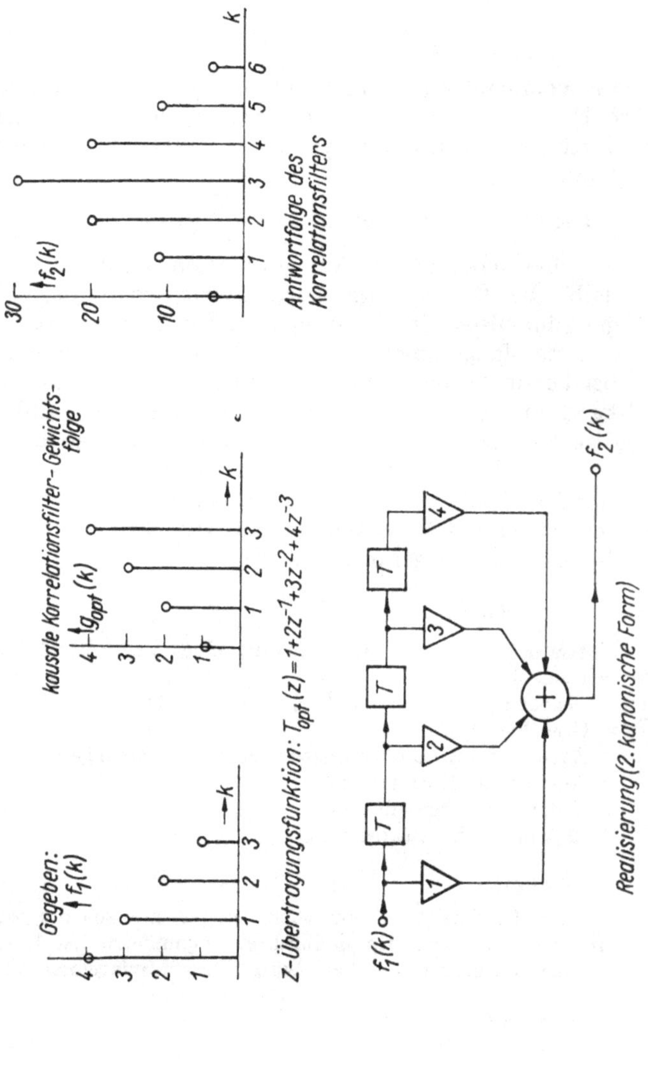

Ordinate und anschließende Verzögerung um 3 Taktzeiten erhalten wir die gesuchte kausale Korrelationsfilter-Gewichtsfolge. Das Ergebnis ist in Tafel 3.1 (oben Mitte) veranschaulicht.

Zu 2. Die Antwort- oder Empfangsfolge ist das Ergebnis einer diskreten Faltung, z. B. nach (2.16) in der Form

$$f_2(k) = \sum_{i=0}^{n} f_1(i)\, g(k - i).$$

Mit der in Tafel 2.1 ausführlich vorgestellten Methode finden wir

$$\{f_2(k)\} = (4, 11, 20, 30, 11, 4),$$

eine zu $k = 3$ symmetrische Funktion mit dem „herausragenden" Spitzenwert 30. Dadurch ist evident, daß ein markantes Kennzeichen vorliegt, um das Vorhandensein der (bekannten) Eingangsfolge – auch bei Störungen – apparativ nachzuweisen. Das Ergebnis ist wiederum in Tafel 3.1 (oben rechts) skizziert.

Zu 3. Da $g_{\mathrm{opt}}(k)$ eine Form $\sum_{\nu=0}^{n} a\nu(k - \nu)$ hat, wird es nach Tafel 2.10 durch ein nichtrekursives Diskret-Netzwerk realisiert mit der $\mathcal{Z}$-Übertragungsfunktion

$$T_{\mathrm{opt}}(z) = \sum_{\nu=0}^{n} a_\nu z^{-\nu} = 1 + 2z^{-1} + 3z^{-2} + 4z^{-3}.$$

Zu 4. Ebenfalls nach Tafel 2.10 gilt für die Realisierung in der 2. kanonischen Form mit einem Mehrfach-Summierer die in Tafel 3.1 (unten) aufgezeichnete Ausführung.

Entsprechend geht der Entwurf bei beliebigen

$$g(k) = \sum_{\nu=0}^{n} a_\nu \delta(k - \nu)$$

bzw.

$$T(z) = \sum_{\nu=0}^{n} a_\nu z^{-\nu}$$

vor sich, und wir verzichten deshalb auf weitere Anwendungen dieser Kategorie.

3.2.2. *Impulsinvariant-Transformation für rekursive Realisierungen*

Startbasis dieser Methode ist eine bekannte stabile analoge Gewichtsfunktion, die bei einfachen Polen der zugehörigen $\mathscr{L}$-Übertragungsfunktion stets in der Form

$$g(t) = \left[\sum_{\nu=1}^{n} A_\nu \, e^{p_\nu t}\right] s(t) \tag{3.11}$$

mit $\operatorname{Re} p < 0$

geschrieben werden kann.

Impulsinvariant heißt: Es soll

$$g(t) = g(kT) = \sum_{\nu=1}^{n} A_\nu \, e^{p_\nu kT}, \quad k = 0(1)\,\infty, \quad t > 0, \tag{3.12}$$

gelten. Damit erhalten wir mit $\mathscr{Z}\{g(k)\} = T(z)$ die Beziehung

$$T(z) = \sum_{\nu=1}^{n} \frac{A_\nu}{1 - e^{p_\nu T} z^{-1}}, \tag{3.13}$$

d. h. eine rationale Funktion in z, die nach den in Abschn. 2.5. mitgeteilten Verfahren durch Diskret-Netzwerke realisiert werden kann.

Bei mehrfachen Polen der $\mathscr{L}$-Übertragungsfunktion ist anstelle von (3.13) eine allgemeinere Form gültig [F 4].

Beispiel 3.2

Kennenlernen der Impulsinvariant-Transformation

Gegeben:

$$T(p) = \frac{K}{(p+1)\,(p^2+p+1)}$$

eines Potenzfilters TP P $n = 3$, $A_{\max} = 3\,\mathrm{dB}$

Gesucht:

1. Gewichtsfunktion $g(k)$, die aus der Partialbruchsumme von $T(p)$ und damit aus $g(t)$ allgemein herleitbar ist (Impuls-invariant-Methode).

2. Zugehörige $\mathscr{Z}$-Übertragungsfunktion (allgemein und zahlenmäßig).
3. Grafische Darstellung von $A(\omega)$ für

$T = 2 \triangleq \omega_A = \pi$, $T = 1 \triangleq \omega_A = 2\pi$ und $T = 0{,}1 \triangleq \omega_A = 20\pi$.

Lösungen:

Zu 1. Ausgedrückt durch die Poldaten

$$p_1 = -1 = -\bar{\sigma}_1 \quad \text{und} \quad p_{2,3} = -\frac{1}{2} \pm j\,\frac{1}{2}\sqrt{3} = -\bar{\sigma}_2 \pm j\omega_2$$

finden wir als Partialbruchzerlegung

$$T(z) = \frac{\bar{\sigma}_1(\bar{\sigma}_2^2 + \omega_2^2)}{(p + \bar{\sigma}_1)\,(p + \bar{\sigma}_2)^2 + \omega_2^2} = \frac{\bar{\sigma}_1(\bar{\sigma}_2 + \omega_2^2)}{(\bar{\sigma}_1 - \bar{\sigma}_2)^2 + \omega_2^2}$$

$$\times \left[\frac{1}{p + \bar{\sigma}_1} - \frac{p + (2\bar{\sigma}_2 - \bar{\sigma}_1)}{(p + \bar{\sigma}_2)^2 + \omega_2^2}\right] = \frac{\bar{\sigma}_1(\bar{\sigma}_2^2 + \omega_2^2)}{(\bar{\sigma}_1 - \bar{\sigma}_2)^2 + \omega_2^2}$$

$$\times \left[\frac{1}{p + \bar{\sigma}_1} - \frac{p + \bar{\sigma}_2}{(p + \bar{\sigma}_2)^2 + \omega_2^2} + \frac{\bar{\sigma}_1 - \bar{\sigma}_2}{(p + \bar{\sigma}_2)^2 + \omega_2^2}\right]$$

und damit

$$g(t) = \frac{\bar{\sigma}_1(\bar{\sigma}_2^2 + \omega_2^2)}{(\bar{\sigma}_1 - \bar{\sigma}_2)^2 + \omega_2^2}$$

$$\times \left[e^{-\bar{\sigma}_1 t} - e^{-\bar{\sigma}_2 t}\cos\omega_2 t + \frac{\bar{\sigma}_1 - \bar{\sigma}_2}{\sigma_2}\,e^{-\bar{\sigma}_2 t}\sin\omega_2 t\right] s(t).$$

Mit $k = kT$ entsteht daraus

$$g(k) = \frac{\bar{\sigma}_1(\bar{\sigma}_2^2 + \omega_2^2)}{(\bar{\sigma}_1 - \bar{\sigma}_2)^2 + \omega_2^2}$$

$$\times \left[e^{-\bar{\sigma}_1 k} - e^{-\bar{\sigma}_2 k}\cos\omega_2 k + \frac{(\bar{\sigma}_1 - \bar{\sigma}_2)}{\omega_2}\,e^{-\bar{\sigma}_2 k}\sin\omega_2 k\right]$$

Zahlenmäßig heißt das

$$g(t) = \left[e^{-t} - \frac{2}{\sqrt{3}}\,e^{-\frac{1}{2}t}\cos\left(\frac{\sqrt{3}}{2}\,t + 30^\circ\right)\right] s(t)$$

bzw.

$$g(kT) = \left[e^{-kT} - \frac{2}{\sqrt{3}} e^{-\frac{1}{2}kT} \cos\left(\frac{\sqrt{3}}{2} kT + 30^\circ\right)\right] s(t).$$

In Abb. 3.1a ist $g(t)$ und in Abb. 3.1b $g(kT)$ mit $T = 1$ skizziert.

Zu 2. $\mathscr{Z}$-transformiert wird daraus

$$T(z) = \frac{\bar\sigma_1(\bar\sigma_2^2 + \omega_2^2)}{(\bar\sigma_1 - \bar\sigma_2)^2 + \omega_2^2}$$

$$\times \left[\frac{z}{z - e^{-\bar\sigma^0 T}} - \frac{z^2 - (e^{-\bar\sigma_2 T} \cos \omega_2 T)\, z}{z^2 - (2e^{-\bar\sigma_2 T} \cos \omega_2 T)\, z + e^{-2\bar\sigma_2 T}}\right.$$

$$\left. + \frac{\bar\sigma_1 - \bar\sigma_2}{\omega_2} \frac{(e^{-\bar\sigma_2 T} \sin \omega_2 T)\, z}{z^2 - (2e^{-\bar\sigma_2 T} \cos \omega_2 T)\, z + e^{-2\bar\sigma_2 T}}\right].$$

Zahlenmäßig gilt bei

$$\bar\sigma_1 = 1, \quad \bar\sigma_2 = \frac{1}{2} \quad \text{und} \quad \omega_2 = \frac{1}{2}\sqrt{3}$$

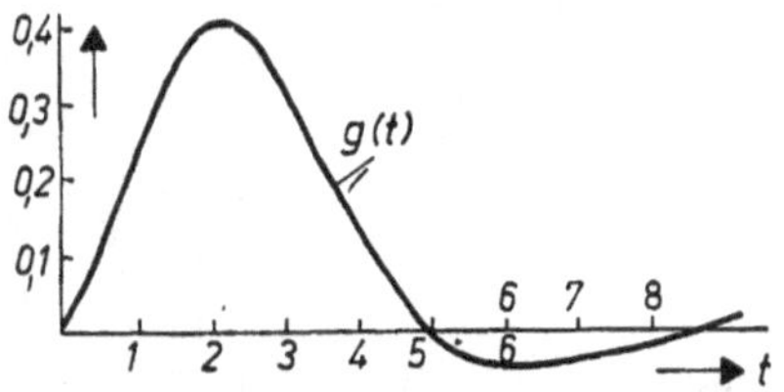

a)

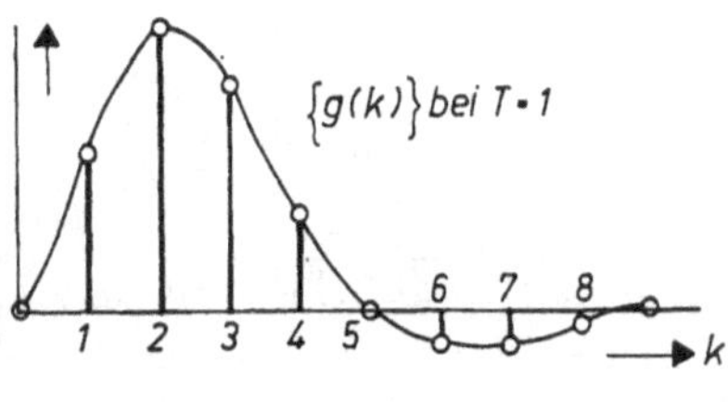

b)

Abb. 3.1. Zur Erläuterung der Impulsinvariant-Transformation

a) vorgegebener $g(t)$-Verlauf (herrührend von TP P $n = 3$ $A_{max} = 3$ dB)

b) zugehöriges $\{g(k)\}$ bei T = 1

$$T(z) = \frac{z}{z - e^{-T}} - \frac{z^2 - \left(e^{-\frac{1}{2}T} \cos \frac{1}{2} \sqrt{3}\, T\right) z}{z^2 - \left(2e^{-\frac{1}{2}T} \cos \frac{1}{2} \sqrt{3}\, T\right) z + e^{-T}}$$

$$+ \frac{1}{3}\, 3\, \frac{\left(e^{-\frac{1}{2}T} \sin \frac{1}{2} \sqrt{3}\, T\right) z}{z^2 - \left(2e^{-\frac{1}{2}T} \cos \frac{1}{2} \sqrt{3}\, T\right) z + e^{-T}}$$

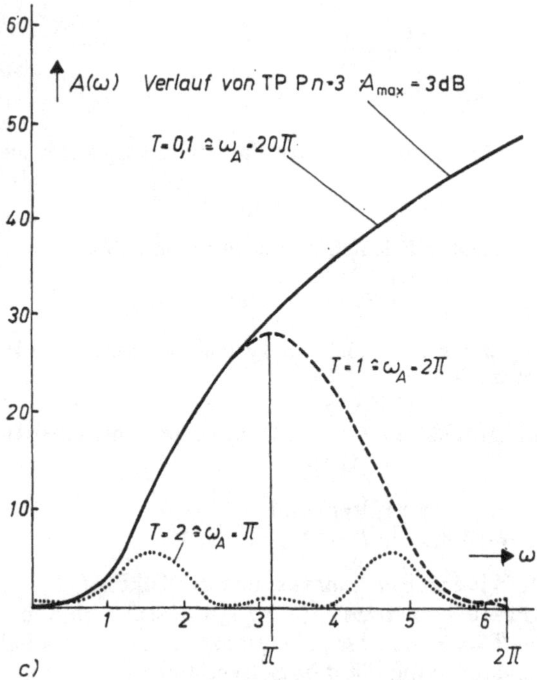

Abb. 3.1. c) Dämpfungscharakteristiken (Sollkurve, Istkurve bei T = 1 und T = 2)

oder in rationaler Form:

$$T(z) = \frac{a_1 z^{-1} + a_2 z^{-2}}{1 + b_1 z^{-1} + b_2 z^{-2} + b_3 z^{-3}}$$

mit

$$a_1 = e^{-T} + e^{-\frac{1}{2}T} \left(\frac{1}{3} \sqrt{3} \sin \frac{1}{2} \sqrt{3}\, T - \cos \frac{1}{2} \sqrt{3}\, T \right),$$

$$a_2 = e^{-T} - e^{-\frac{3}{2}T} \left(\frac{1}{3} \sqrt{3} \sin \frac{1}{2} \sqrt{3}\, T + \cos \frac{1}{2} \sqrt{3}\, T \right),$$

$$b_1 = - \left(2e^{-\frac{1}{2}T} \cos \frac{1}{2} \sqrt{3}\, T + e^{-T} \right),$$

$$b_2 = e^{-T} + 2e^{-\frac{3}{2}T} \cos \frac{1}{2} \sqrt{3}\, T \quad \text{und}$$

$$b_3 = e^{-2T}.$$

Die Reihendarstellung mit fallenden Potenzen von z würde die Form

$$T(z) = a_1 z^{-1} + (a_2 - b_1 a_1)\, z^{-2} + \cdots$$

haben. Die Reihenkoeffizienten sind identisch mit $g(k)$, d. h., es gilt

$$\{g(k)\} = \{0, a_1, a_2 - b_1 a_1, \ldots\}$$

in Übereinstimmung mit (2.38), ein Sachverhalt, der als Probebeziehung mützlich ist.

Zu 3. In Abb. 3.1c sind die Dämpfungscharakteristiken

- des analogen Potenzfilters und
- des Diskretfilters für $T = 2$, 1 und 0, 1

dargestellt. Wir erkennen daraus, daß die Taktzeit $T = 2$ (mit der „Frequenzperiode" $\omega_A = \pi$) praktisch unbrauchbar ist. Bei $T = 1$ (mit der „Frequenzperiode" $\omega_A = 2\pi$) liegt Übereinstimmung mit dem Sollverlauf

$$A(\omega) = 10 \lg (1 + \omega^6)$$

im Bereich $0 \leqq \omega \leqq 3$ vor. Das Intervall, in dem Soll- und Istverlauf übereinstimmen, wird bei noch kleinerer Taktzeit weiter vergrößert, z. B. bringt $T = 0,1$ eine Gleichartigkeit im Bereich $0 \leqq \omega \leqq \omega_A = \frac{2\pi}{T} = 20\pi$. (Aus der Abb. 3.1c ist zwar die obere Grenze nicht ablesbar, da nur eine Darstellung bis $\omega = 2\pi$ gewählt wurde; dieses Verhalten kann aber aus dem Ergebnis für $T = 1$ — gestrichelte Kennlinie — gefolgert werden.)

Wir stellen damit abschließend fest: Die Selektionseigenschaften des analogen Bezugsfilters und des mit Hilfe der Impulsinvariant-Transformation entworfenen Diskretfilters können beträchtlich voneinander abweichen. Die Näherung hängt wesentlich von der gewählten Taktzeit T bzw. der Abtast(kreis)frequenz $\omega_A = \frac{2\pi}{T}$ ab.

3.3. *Entwurf bei Vorschriften im Frequenzbereich*

3.3.1. FOURIER-*Approximation für nichtrekursive Realisierungen*

Wie bereits aus Abschnitt 2.4.2. bekannt ist, gilt für den stationären komplexen Frequenzgang der Übertragungsfunktion in einem solchen Fall gemäß (2.31d) bei

$$z = e^{j\omega T} = e^{j\omega'}$$

$$T(j\omega') = \sum_{\nu=0}^{n} a_\nu \, e^{-j\nu\omega'}. \tag{3.14}$$

Die unabhängige Veränderliche ist die Kreisfrequenz ω', und alle Teilfrequenzfunktionen, d. h. z. B. $A(\omega')$, $B(\omega')$ und $T_{gr}(\omega')$, sind periodisch mit

$$\omega_A = \frac{2\pi}{T}.$$

Diese für zeitdiskrete Netzwerke typische Periodizität legt es nahe, gewünschte Frequenzgänge unmittelbar durch eine FOURIER-Entwicklung zu approximieren. (Damit ist zunächst das Nichtzurückgreifen auf entsprechende Analogergebnisse bzw. -netzwerke als Vorteil zu buchen.) Wenn die a_ν in (3.14) bekannt sind, ist das Entwurfsproblem (wenn darunter die Angabe des Strukturdiagramms einschließlich tatsächlicher Abtastfrequenz verstanden wird) schon gelöst.

Zur mathematischen Beschreibung erinnern wir uns an die in (I, Tafel 1.1 und 1.2) entwickelten Grundlagen. Die dort vorgestellte Entwicklung im Zeitbereich

$$f_p(t) = f(c_n, \omega_0 t)$$

mit

$$c_n = f\big(f_p(t), \omega_0 t\big), \quad T_0 = \frac{2\pi}{\omega_0}$$

oder symbolisch die Verknüpfungen

$$f_p(t) \leftrightarrow c_n \tag{3.15}$$

sind sinngemäß in den Frequenzbereich zu übertragen. Das heißt auch: Es werden Beziehungen der Art

$$T(j\omega') = f(d_\mu, \omega')$$

mit

$$d_\mu = f\big(T(j\omega'), \omega'\big), \quad \omega_A = \frac{2}{T},$$

oder symbolisch die Relationen

$$T(j\omega') \leftrightarrow d_\mu \tag{3.16}$$

gesucht. Die d_μ sind i. a. komplexe Koeffizienten. Ausführlich geschrieben heißt die gesuchte FOURIER-Entwicklung bei einer (Frequenz-) Periodendauer ω_A (s. d. Abb. 3.2a)

$$T(j\omega) = \sum_{\mu=-\infty}^{\infty} d_\mu \, e^{j\mu\omega T} \tag{3.17}$$

mit

$$d_\mu = \frac{1}{\omega_A} \int_{\omega_A} T(j\omega)\, \mathrm{e}^{-j\omega T}\, d\omega \tag{3.18}$$

oder in der von uns bevorzugten ω'-Form

$$T(j\omega') = \sum_{\mu=-\infty}^{\infty} d_\mu\, \mathrm{e}^{j\mu\omega'} \tag{3.17a}$$

mit

$$d_\mu = \frac{1}{2\pi} \int_{\omega_A} T(j\omega')\, \mathrm{e}^{-j\mu\omega'}\, d\omega'. \tag{3.18a}$$

Da (3.17a) durch i. a. unendlich viele und insbesondere auch negative μ beschrieben wird, sind Abänderungen notwendig, wenn es mit einer *realisierbaren* Form (gemäß 3.14)) übereinstimmen soll. Um dieses Ziel zu erreichen, beschränken wir uns zunächst auf eine *finite Näherung* von (3.17a), d. h. auf

$$T_f(z) = \sum_{\mu=-m}^{m} d_\mu z^\mu, \quad m \text{ ganzzahlig und positiv,} \tag{3.19}$$

wobei wir gleichzeitig $\mathrm{e}^{j\omega'}$ in z zurücksubstituieren. Dieser Ausdruck wird eine *zulässige* $\mathfrak{Z}$-Übertragungsfunktion, wenn wir (3.19) mit einem Faktor z^{-m} multiplizieren, der die Betragseigenschaften

$$\mathrm{e}^{-jm\omega'} = 1 \tag{3.20a}$$

nicht beeinflußt. Die damit hinzugekommene lineare *Phase*

$$B(\omega') = m\omega' \tag{3.20b}$$

ist sozusagen ein natürlicher Unterpfand für die gerätetechnische Realisierung. (Im Sinne einer „verzerrungsarmen“ bzw. bei gleichzeitig konstanter Dämpfung sogar „verzerrungsfreien“ Übertragung wird diese streng lineare Phase sehr begrüßt. Von praktischen Übertragungswegen, z. B. der verlustarmen elektrischen Leitung, werden diese

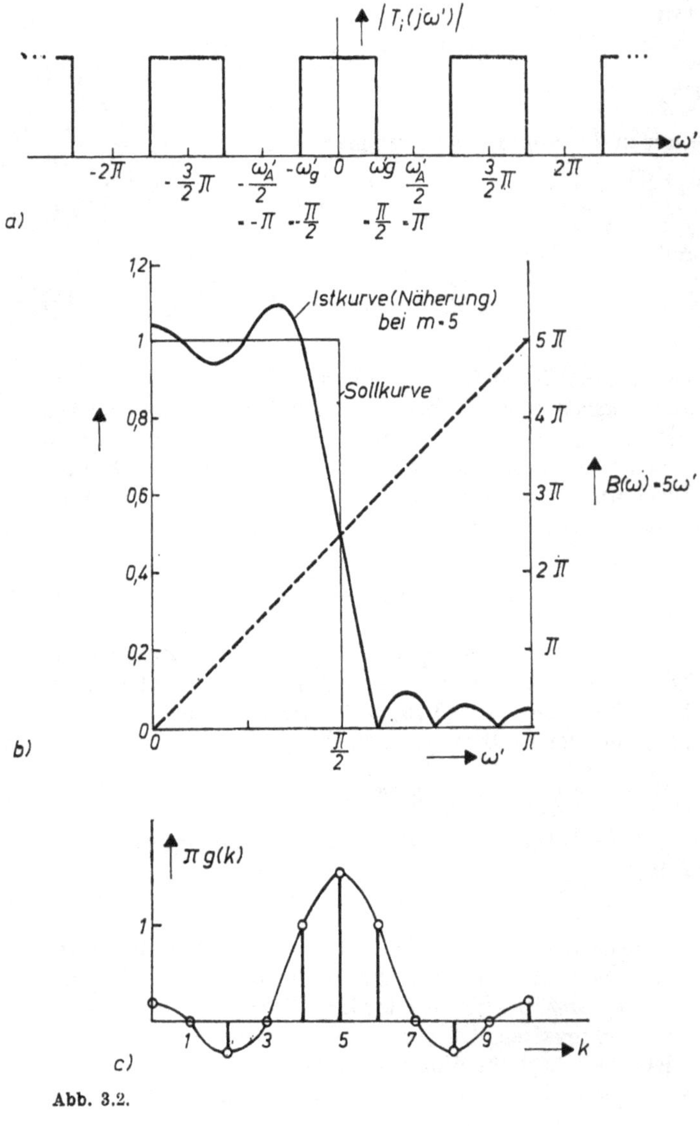

|T_i(jω')|
ω'
-2π
-3/2 π
-ω'_A/2
-ω'_g
0
ω'_g
ω'_A/2
3/2 π
2π
a)
Istkurve (Näherung) bei m=5
Sollkurve
1,2
1
0,8
0,6
0,4
0,2
0
5π
4π
3π
2π
π
B(ω) = 5ω'
π/2
b)
πg(k)
1
3
5
7
9
k
c)

Abb. 3.2.

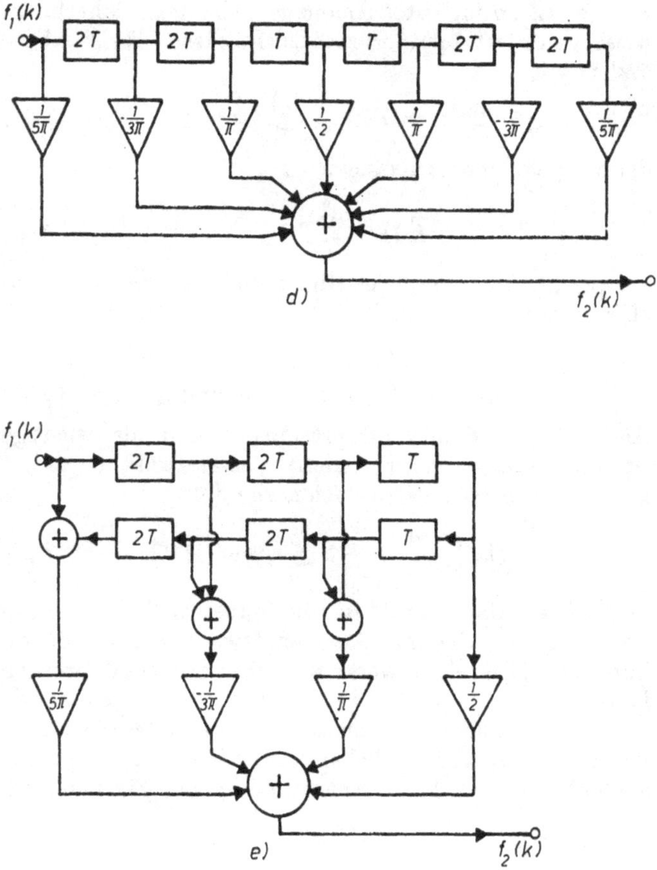

Abb. 3.2. **Entwurfsbeispiel für ein nichtrekursives Filter**

a) vorgegebene (ideale, periodische) Betragscharakteristik
b) Vergleich Sollkurve/Istkurve bei $m = 5$
c) (Mit π multiplizierte) Gewichtsfolge des realisierbaren Filters
d) klassische (1. kanonische) Realisierung
e) zu d) äquivalente Realisierung mit nur 4 Multiplizierern

Eigenschaften im Nutzfrequenzbereich immer näherungsweise gefordert bzw. erbracht.) In dieser Weise abgeändert gilt

$$z^{-m}T_f(z) = T(z) = \sum_{\mu=-m}^{m} d_\mu z^{(\mu-m)}, \tag{3.21}$$

das offenbar einem zulässigen

$$T(z) = \sum_{\nu=0}^{n} a_\nu z^{-\nu} \tag{2.31 b}$$

entspricht. Der Vergleich führt auf die $(2m + 1)$ Koeffizientenbeziehungen

$$a_0 = d_m, a_1 = d_{m-1}, \ldots, a_m = d_0, \ldots,$$
$$a_{2m-1} = d_{-m+1}, a_{2m} = a_n = d_{-m}. \tag{3.22}$$

Als einfacher Sonderfall präsentiert sich die wichtige Approximation einer (geraden) Betragsfunktion. Dann ist (4.21) in der speziellen stationären Form

$$T(j\omega') = \left[d_0 + 2\sum_{\mu=1}^{m} \cos\omega'\right] e^{-jm\omega'} \tag{3.23}$$

darstellbar. Signifikant ist die dabei wirksame *streng* lineare Phase, die mit Analognetzwerken und mit rekursiven Diskretnetzwerken nicht realisiert werden kann.

Die FOURIER-Approximation ist besonders wirksam bei kontinuierlichen Sollcharakteristiken ohne „Sprungstellen", wie sie u. a. bei Entzerreraufgaben gegeben sind.

Beispiel 3.3

Vertrautwerden mit dem Entwurf eines nichtrekursiven Filters mit Hilfe der FOURIER-Approximation.

Gegeben: $|T_i(j\omega')|$, wie in Abb. 3.2a skizziert.

Gesucht:

1. FOURIER-Koeffizienten d_μ,
2. (Approximierte) $\mathcal{Z}$-Übertragungsfunktion bei $m = 5$,
3. zugehöriges $T(j\omega')$ als $f(\cos\mu\omega', e^{-jm\omega'})$,
4. Betrags- und Phasencharakteristiken (Formel und Bild),

5. zugehörige Gewichtsfolge $\{g(k)\}$,
6. Realisierung (Strukturdiagramm).

Lösung:

Zu 1. Nach (3.18) gilt – wenn die „idealisierte" Sollfunktion mit $|T_i(j\omega')|$ bezeichnet wird –

$$d_\mu = \frac{1}{2\pi}\int\limits_{-\omega_g'}^{\omega_g'} \mathrm{e}^{-j\mu\omega'}\,\mathrm{d}\omega' = \frac{1}{\pi}\int\limits_0^{\omega_g'} \cos\mu\omega'\,\mathrm{d}\omega'$$

$$= \frac{1}{\pi}\int\limits_0^{\omega_g'} \cos\mu\omega'\,\mathrm{d}\omega' = \frac{1}{\pi\mu}\sin\mu\omega_g'.$$

Mit $2\pi = \omega_A T = \omega_A'$ und $r = \frac{\omega_g'}{\omega_A'}$ (r ist eine Maßzahl für den *relativen* Abstand der Grenzfrequenz von der Abtastfrequenz) wird daraus

$$d_\mu = 2r \operatorname{si} 2\pi\mu r.$$

Zahlenmäßig heißt das im Beispielfall bei $r = \frac{1}{4}$

$$d_\mu = \frac{1}{2}\operatorname{si}\mu\left(\frac{\pi}{2}\right).$$

Zu 2. Da wir die Entwicklung (3.17) durch eine endliche Summe mit $(2m + 1)$ Koeffizienten approximieren, können wir uns auf die Bestimmungsgrößen aus (3.22), d. h. auf

$$a_0 = a_{10} = d_5 = \frac{1}{5\pi}, \qquad a_1 = a_9 = d_4 = 0,$$

$$a_2 = a_8 = d_3 = -\frac{1}{3\pi}, \qquad a_3 = a_7 = d_2 = 0,$$

$$a_4 = a_6 = d_1 = \frac{1}{\pi}, \qquad a_5 = d_0 = \frac{1}{2}$$

beschränken. Nach Tafel (2.10) gilt somit

$$T(z) = \frac{1}{5\pi} - \frac{1}{3\pi}z^{-2} + \frac{1}{\pi}z^{-4} + \frac{1}{2}z^{-5}$$

$$+ \frac{1}{\pi}z^{-6} - \frac{1}{3\pi}z^{-8} + \frac{1}{5\pi}z^{-10}.$$

Zu 3. Die stationäre $\mathcal{Z}$-Übertragungsfunktion erhalten wir daraus durch Ausklammern eines Faktors

$$e^{-jm\omega'} = e^{-j5\omega'} \quad \text{in} \quad |T(\omega')| \quad \text{oder}$$

$$T(\omega') = \left[\frac{1}{5\pi}\left(e^{j5\omega'} + e^{-j5\omega'}\right) - \frac{1}{3\pi}\left(e^{j3\omega'} + e^{-j3\omega'}\right) + \frac{1}{\pi}\left(e^{j\omega'} + e^{-j\omega'}\right) + \frac{1}{2}\right] e^{-j5\omega'}$$

$$= \left[\frac{1}{2} + \frac{2}{\pi}\cos\omega' - \frac{2}{3\pi}\cos 3\omega' + \frac{2}{5\pi}\cos 5\omega'\right] e^{-j5\omega'}.$$

Diese Darstellung ist die in (3.23) genannte Form mit der explizit ausgewiesenen linearen Phase, die – wie aus der Systemtheorie der Schaltvorgänge gut bekannt [F 3] – zwangsläufig eine symmetrische Gewichtsfunktion bzw. Stoßantwort zur Folge hat (s. d. auch Abb. 3.2c).

Zu 4. Aus der zuletzt genannten Gleichung lesen wir ab die Betragscharakteristik

$$|T(\omega')| = \left|\frac{1}{2} + \frac{2}{\pi}\cos\omega' - \frac{2}{3\pi}\cos 3\omega' + \frac{2}{5\pi}\cos 5\omega'\right|$$

und die Phasencharakteristik

$$B(\omega) = 5\omega'.$$

Abb. 3.2b zeigt die Kennlinien aufgetragen über $0 \leqq \omega' \leqq \pi = \frac{\omega_A'}{2}$ mit $\omega_g' = \frac{\pi}{2}$. Obwohl – wie bekannt (I(3.17a)) – der „Leistungsfehler" einer abgebrochenen Fourier-Reihe minimal ausfällt und mit zunehmenden m beliebig klein gehalten werden kann, ist das *Gibbssche Phänomen* – d. h. ein Überschwingen an diskontinuierlichen Stellen der $T_i(\omega')$-Funktion – unvermeidbar.

Hinweis: Diese Erscheinung wird optisch besonders deutlich, wenn große m-Werte gewählt werden, wobei dann die „Überschwinger" als „schmale Überhöhung" an der Sprungstelle auftreten. Im Rechteckfall z. B. wird unabhängig vom Näherungsgrad m das Überschwingen etwa 9% – sowohl im Durchlaß- als auch im Sperrbereich – betragen. Das heißt anders formuliert: Eine Sperrdämpfung $\geqq$ 21 dB ist nicht überschreitbar. Diesen beträchtlichen Nachteil können wir vermeiden

– indem Sprungstellen durch monotone Übergangs-Kennlinien ersetzt werden. Dafür sind Polynome und spezielle trigonometrische Funktionen geeignet.

Eine weitere Variante ist die Einführung von

– gewichteten Koeffizienten in die Darstellung (3.23), d. h., anstelle von d_μ wird mit $\alpha_{m\mu} d_\mu$ gerechnet. Die α_{mk} selbst gewinnen wir aus sogenannten „Fensterfunktionen". Beispiele dafür sind das FEJER-, das HAMMING- und das KAISER-Fenster [B 14]. Dadurch kann insbesondere die Sperrdämpfung in technisch übliche Größenordnungen, z. B. > 50 dB, gebracht werden.

Die Näherung ist — gemessen an Filterforderungen — ziemlich ungenügend.

Zu 5. Die Gewichtsfolge ist gemäß Tafel 2.10

$$\{g(k)\} = \left(\frac{1}{5\pi}, 0, -\frac{1}{3\pi}, 0, \frac{1}{\pi}, \frac{1}{2}, \frac{1}{\pi}, 0, -\frac{1}{3\pi}, 0, \frac{1}{5\pi}\right)'$$

mit der in Abb. 3.2c skizzierten Veranschaulichung. Es ist eine zu $k = 5$ symmetrische endliche Kausalfolge, deren „Einhüllende" – wie es im errechneten Term $d_\mu = \frac{1}{2}\,\mathrm{si}\,\mu \times \left(\frac{\pi}{2}\right)$ zum Ausdruck kommt – eine Spaltfunktion ist.

Zu 6. Aus Tafel 2.10 entnehmen wir – wenn wir die 2. kanonische Form zugrundelegen – das in Abb. 3.2d skizzierte Strukturdiagramm. Da im Beispiel eine Koeffizientensymmetrie vorliegt, existiert eine äquivalente Anordnung mit nur vier Multiplizierern. Verzögerungsglieder mit $2\,T$ kommen vor, weil alle geraden Koeffizienten ($\mu > 0$) gleich Null sind.

3.3.2. *Filterapproximation im p-Bereich für rekursive Realisierungen*

Diese *Bezugsfilterapproximationen*, d. h. die Zurückführung auf ein zugehöriges Analogfilter, von dem die Approximationsprozedur geläufig ist bzw. wo für Standardfälle Kataloglösungen vorliegen, ist sehr praktisch, weil dann in hohem Maße die herkömmlichen Resultate genutzt werden. Wie schon in der Überschrift zum Ausdruck kommt, konzentrieren wir uns nachstehend auf frequenzselektive Systeme oder kurz Filter (i. e. S.) gemäß II Abschn. 2.2.1. Ausgangspunkt sei der Prototyp eines Standard-TP-Toleranzfeldes (s. Abb. 3.3a). Als

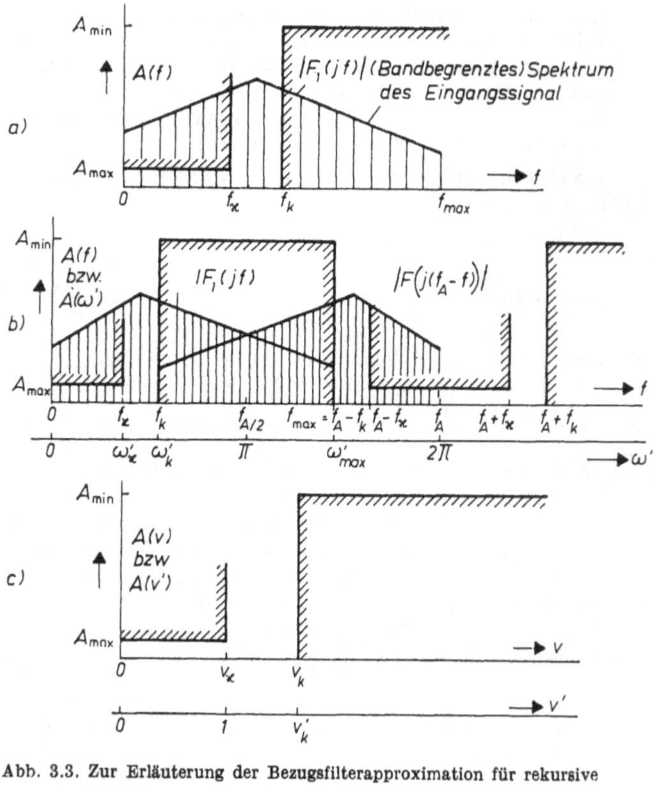

Abb. 3.3. Zur Erläuterung der Bezugsfilterapproximation für rekursive Realisierungen

a) vorgegebenes TP- (Standard-) Toleranzschema

b) „Periodische Fortsetzung" von a) mit $f_{max} > \frac{f_A}{2}$ dargestellt über f bzw. über ω'

c) zugehöriges Bezugs-TP-Toleranzschema über v bzw. über v'

Besonderheit beim Entwurf zeitdiskreter Netzwerke präsentiert sich die Vorgabe einer maximalen „Selektionsfrequenz" f_{max}, die durch die in Abschn. 2.3.3. begründete „Periodizität der Frequenzgänge" bedingt ist. (Um tatsächlichen Aufgaben zu entsprechen, ist in der genannten Abbildung die Dämpfung über der tatsächlichen Frequenz aufgetragen.) Praktisch heißt das: Dem System dürfen, um Überlappungsfehler zu vermeiden, nur Eingangssignale mit Bandbegrenzung, d. h.

$$F_1(jf) = 0 \quad \text{für} \quad |f| > f_{max}, \tag{3.24}$$

angeboten werden. Durch „Vorfilter" – wie schon im Prinzipbild 0.1 angedeutet – ist das immer hinreichend genau zu erfüllen. (Zur Veranschaulichung ist dünn in Abb. 3.3a) ein willkürlich angenommener Betragsverlauf des Eingangssignals eingezeichnet.)

Die zeitdiskrete Ausführung führt zu einer „periodischen Fortsetzung" des Dämpfungstoleranzfeldes gemäß Abb. 3.3b (wobei wir uns zunächst für die Abszissenachse, die mit f bezeichnet ist, interessieren). Die zusätzlich – dünn – eingetragenen Betragsspektren der Eingangssignale $F_1(jf)$ und $F_1(j(f_A - f))$ verdeutlichen, daß in diesem Fall die Abtastfrequenz kleiner als die klassische Forderung des Abtasttheorems, nämlich

statt $$f_A \geqq 2f_{max} \tag{3.25}$$

nur $$f_A \geqq f_{max} + f_k, \tag{3.26}$$

gewählt werden kann, weil die Überlappungen der Spektren in den Sperrbereich fallen. (Eingetragen ist in Abb. 3.3b der Grenzfall mit dem Gleichheitszeichen in (3.26).) Diese Gleichung gilt für alle Dämpfungsschemata, die mit einem Sperrbereich abschließen, d. h. insbesondere auch für Bandpässe.

Ausgedrückt durch die in Abschn. 2.3.3. eingeführte „normierte" Frequenz

$$\omega' = 2\pi f T, \tag{3.27}$$

kann mit

$$f_A = \frac{1}{T} \tag{3.28}$$

gleichwertig eine Darstellung $A(\omega')$ mit

$$\omega' = 2\pi \frac{f}{f_A} \tag{3.29}$$

angegeben werden. Für spezielle Frequenzpunkte verfügen wir damit über eine Umrechnung von Kennwerten. So gilt für die „Eckfrequenzen" z. B.

$$\omega' = 2\pi \frac{f_\varkappa}{f_A} \quad \text{und} \quad \omega_k' = 2\pi \frac{f_k}{f_A}. \tag{3.29a}$$

Die eigentliche Überführung in den entsprechenden Analogfall verlangt eine eindeutige umkehrbare Zuordnung der Frequenzen

$$0 \leqq f \leqq f_A/2 \text{ in eine Abszissenskala } 0 \leqq v \leqq \infty.$$

Außerdem muß — allgemein gesehen — diese Transformation der z- in die p-Ebene (die wir hier, da es sich um eine Art „Zwischennormierung" handelt, nach Vorbildern in der Literatur mit $w = u + jv$ bezeichnen) durch eine in p rationale Funktion verwirklicht werden.

Diese Forderungen werden durch die *Bilinear-Transformation*

$$w = u + jv = \frac{z-1}{z+1} \tag{3.30}$$

mit der Umkehrung

$$z = x + jy = \frac{1+w}{1-w} \tag{3.30a}$$

erfüllt. Abb. 3.4 veranschaulicht die Zusammenhänge dieser nützlichen konformen Abbildung. Dadurch wird das Innere des Einheitskreises der z-Ebene in die linke w-Halbebene und umgekehrt abgebildet und es werden stabile Systeme gesetzmäßig und eindeutig in beiden Bereichen wechselseitig zugeordnet. Von besonderem Interesse beim Filterentwurf ist die „Verzerrung“ der „technischen Frequenzachse“, d. h. das Zusammenspiel $v = f(\omega')$ und deren Umkehrung. In diesem stationären Fall gilt explizit als Sonderfall von (3.30) bei $(w =)\, jv$ und $(z =)\, e^{j\omega'}$

$$v = \tan \frac{\omega'}{2} = \tan \pi \frac{f_\varkappa}{f_A} \qquad (3.31)$$

mit der Umkehrung

$$\omega' = 2 \tan^{-1} v \quad \text{bzw.} \quad f_\varkappa = \frac{1}{\pi} = f_A \tan^{-1} v . \qquad (3.31\text{a})$$

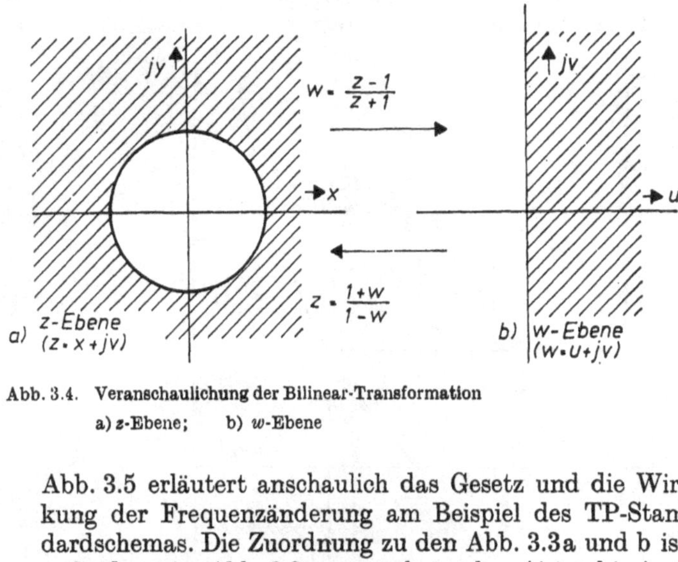

Abb. 3.4. Veranschaulichung der Bilinear-Transformation
a) z-Ebene; b) w-Ebene

Abb. 3.5 erläutert anschaulich das Gesetz und die Wirkung der Frequenzänderung am Beispiel des TP-Standardschemas. Die Zuordnung zu den Abb. 3.3a und b ist außerdem in Abb. 3.3c zunächst als $A(v)$ skizziert. Eine Übereinstimmung mit den analogen Darstellungen, d. h. eine normierte Durchlaßgrenze 1 — die zugehörige Abszissenbezeichnung ist dann v', was identisch mit ω_{analog} ist — verlangt zusätzlich „bezogene Terme“ der Art

$$w' = \frac{w}{v} \quad \text{bzw. speziell} \quad v' = \frac{v}{v_\varkappa} . \qquad (3.32)$$

Benötigt wird insbesondere der Kennwert

$$(\omega_{k\,\mathrm{analog}} =)\; v_k' = \frac{v_k}{v_\varkappa} = \frac{\tan \pi \dfrac{f_\varkappa}{f_A}}{\tan \pi \dfrac{f_k}{f_A}}, \tag{3.33}$$

der sich unter Berücksichtigung von (3.31) aus den vorgegebenen Daten $f_\varkappa$, f_k und f_A errechnen läßt.

Aus den Darstellungen in Abb. 4.3 geht hervor, daß die Toleranzwerte für die Dämpfungscharakteristik (und damit allgemein der Betragsverlauf) erhalten bleiben.

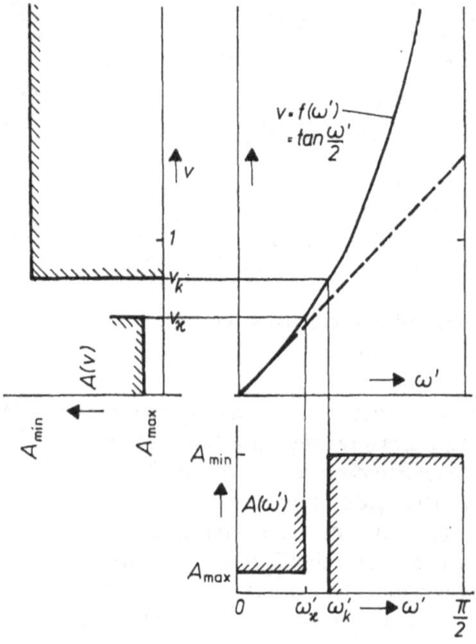

Abb. 3.5. Veranschaulichung der durch die Bilinear-Transformation hervorgerufenen Verzerrung der Frequenzskala, d. h. des Zusammenhangs ω'-Skala → v-Skala

Diese Invarianz ermöglicht rationelle andere Frequenzaufteilungen, wie HP, f-symmetrische BP und BS, aus einer gemeinsamen normierten TP-Grundform herzuleiten. Die früher (II, Abschn. 4.) entwickelten „Reaktanztransformationen" sind direkt anwendbar. Die Gesetze sind erläutert an der Transformation eines TP-Standard-Toleranzfeldes in Tafel 3.2.

Ausdrücklich sei angemerkt, daß eine solche invariante Eigenschaft nicht für Phasen- und Laufzeitcharakteristiken gilt. Speziell die in der Technik bevorzugte „konstante Gruppenlaufzeit in einem ausgewählten Nutzintervall" geht durch die Transformation verloren [S 3]. Der praktische Entwurfsablauf für ein rekursives Diskret-Filter mit vorgeschriebenen Dämpfungsforderungen besteht daher zusammenfassend in den Bearbeitungsschritten

- Wahl der Abtastfrequenz,
- Transformation in ein analoges TP-Bezugsfilter,
- TP-Approximation nach bekannten Methoden,
- Zurücktransformation in eine $\mathcal{Z}$-Übertragungsfunktion $T(z)$,
- Realisierung von $T(z)$.

Für die Anwendung sind in Tafel 3.3 dafür die Berechnungsgleichungen aufgeschrieben.

Die Zurücktransformation der „analogen" Bezugs-$T(p)$ mit $p \triangleq w'$ durch Substitution von (3.32) und (3.30) in das gesuchte $T(z)$ wird für die — häufig vorkommenden — Teilfaktoren, d. h.

$$T^{(0)}(p) = \frac{K_0}{p + \bar{\sigma}_0} \to T^{(0)}(z), \tag{3.34a}$$

$$T^{(\nu)}(p) = \frac{K_\nu}{p^2 + 2\bar{\sigma}_\nu p + \bar{\sigma}_\nu{}^2 + \omega_\nu{}^2} \to T^{(\nu)}(z) \tag{3.34b}$$

und

$$T^{(\nu)}(p) = \frac{K_\nu(p^2 + \omega_{0\nu}^2)}{p^2 + 2\bar{\sigma}_\nu p + \bar{\sigma}_\nu{}^2 + \omega_\nu{}^2} \to T^{(\nu)}(z), \tag{3.34c}$$

Tafel 3.2

Transformationsgesetze für TP, HP, BP und BS aus einer TP-Grundform mit $v' = 1$

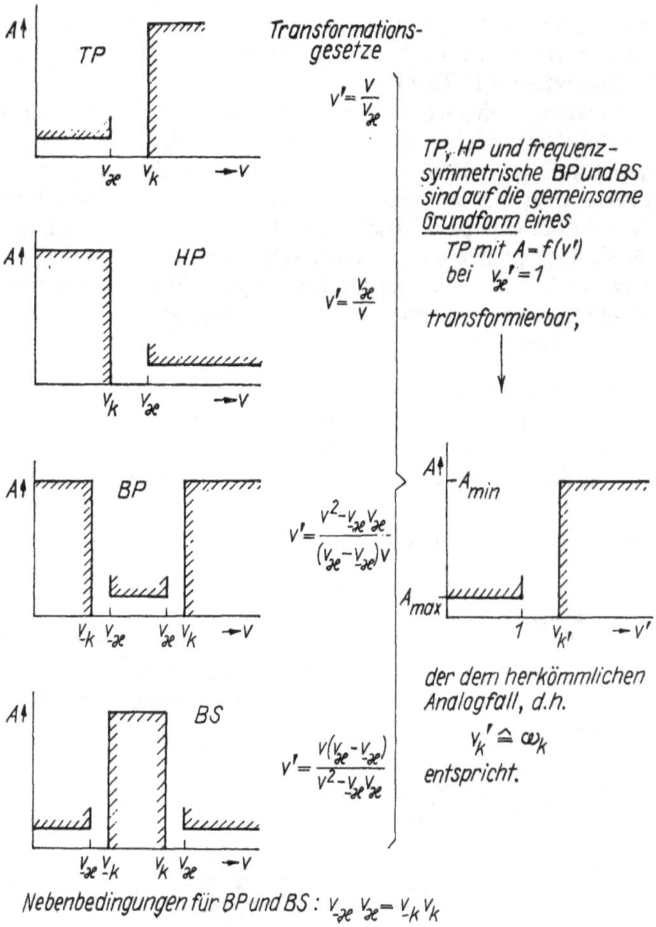

Tafel 3.3

Entwurfsschritte zur Berechnung von rekursiven Diskretfiltern

Gegeben: Dämpfungstoleranzfeld mit den Kennwerten $f_{\mp\varkappa}$, $f_{\mp k}$ und f_{max}

Bearbeitungsgang:

- Wahl der Abtastfrequenz
  Bei TP und BP: $f_A \geqq f_{max} + f_k$
  bei HP und BS: $f_A \geqq f_k$
- Transformation in ein analoges TP-Bezugsfilter

  Für die möglichen Frequenzaufteilungen gilt mit

  $v = \tan \pi \frac{f}{f_A}$ (bzw. spezieller $f_{-\varkappa} \triangleq v_{-\varkappa}$, $f_\varkappa \triangleq v_\varkappa$, $f_{-k} \triangleq v_{-k}$, $f_k \triangleq v_k$, $f_0 \triangleq v_0$)

TP	HP	BP	BS
$v' = \frac{v}{v_\varkappa}$	$v' = \frac{v_\varkappa}{v}$	$v' = \frac{v^2 - v_0^2}{\Delta \cdot v}$	$v' = \frac{\Delta \cdot v}{v^2 - b_0^2}$
		bei $v_{-\varkappa}v_\varkappa = v_{-k}v_k = v_0^2$ und $\Delta = v - v_-$)	

  und damit ist der wesentliche Zahlenwert $v_k' = \frac{v_k}{v_\varkappa} (\triangleq \omega_{k\,\text{analog}})$ bekannt.
- TP-Approximation nach bekannten Methoden
  (i. a. mit Rechenprogrammen, in Standardfällen mit PN-Katalogen). Dabei gilt: $\omega \triangleq v'$, $p \triangleq w'$).
  Ergebnis: Zulässige Analogfunktion $T(p)$
- Zurücktransformation in eine zulässige $\mathfrak{Z}$-Übertragungsfunktion entweder
  - in zwei Teilschritten durch Transformation der Gesamtfunktion $T(p)$ $(\triangleq T(w'))$ in $T(z)$ durch Substitution $p\,(\triangleq w') \to w \to z$ oder meist praktischer durch
  - *explizite Umrechnungsformeln für Grundformen* von $T(p)$ in $T(z)$ gemäß Tafel 4.4
- Realisierung der errechneten $T(z)$ gemäß Abschnitt 2.5

zweckmäßig mit expliziten Berechnungsformeln vorgenommen, die in Tafel 3.4 notiert sind. Dabei sind in Übereinstimmung mit (3.30a) x_0, x_ν und y_ν die Polkoordinaten und $x_{0\nu}$ die Nullstellenabszissen der PN-Daten in der z-Ebene. $g_{0\nu}$ ist durch die „Kreisgleichung“

Tafel 3.4

Explizite Formeln zur Zurücktransformation von $T(p)$ in $T(z)$ für lineare und quadratische Teilübertragungsfunktionen

Gegeben:		Gesucht:
Polynomform 1. Grades ($T^{(0)}(w') \triangleq$) $T^{(0)}(p) = \dfrac{K_0}{p + \bar{\sigma}_0}$	$\Rightarrow$	$T^{(0)}(z) = \bar{K}_0 \dfrac{1 + z^{-1}}{1 - x_0 z^{-1}}$ mit $x_0 = \dfrac{1 - \bar{\sigma}_0 v_\varkappa}{1 + \bar{\sigma}_0 v_\varkappa}$ und $\bar{K}_0 = \dfrac{K_0 v_\varkappa}{1 + \bar{\sigma}_0 v_\varkappa}$
Polynomform 2. Grades ($T(w') \triangleq$) $T^{(\nu)}(p) = \dfrac{K_\nu}{p^2 + 2\bar{\sigma}_\nu p + \bar{\sigma}_\nu^2 + \omega_\nu^2}$	$\Rightarrow$	$T^{(\nu)}(z) = \dfrac{\bar{K}_\nu(1 + z^{-1})}{1 - 2x_\nu z^{-1} + (x_\nu^2 + y_\nu^2) z^{-2}}$ mit $x_\nu = \dfrac{1 - v_\varkappa^2(\bar{\sigma}_\nu^2 + \omega_\nu^2)}{1 + 2\bar{\sigma}_\nu v_\varkappa + v_\varkappa^2(\bar{\sigma}_\nu^2 + \omega_\varkappa^2)}$ $y_\nu = (\pm)\dfrac{2\omega_1 v_\varkappa}{1 + 2\bar{\sigma}_\nu v_\varkappa + v_\varkappa^2(\bar{\sigma}_\nu^2 + \omega_\nu^2)}$ und $\bar{K}_\nu = K_0 \dfrac{v_\varkappa^3}{1 + 2\bar{\sigma}_\nu v_\varkappa + v_\varkappa^2(\bar{\sigma}_\nu^2 + \omega_\nu^2)}$
Biquadratische Form mit imaginärer Nullstelle ($T(w') \triangleq$) $T^{(\nu)}(p) = \dfrac{K_\nu(p^2 + \omega_{0\nu}^2)}{p^2 + 2\bar{\sigma}_\nu p + \bar{\sigma}_\nu^2 + \omega_\nu^2}$	$\Rightarrow$	$T^{(\nu)}(z) = \dfrac{\bar{K}_\nu(1 - 2x_{0\nu} z^{-1} + z^{-2})}{1 - 2x_\nu z^{-1} + (x_\nu^2 + y_\nu^2) z^{-2}}$ mit x_ν und y_ν wie zuvor, $x_{0\nu} = \dfrac{1 - \omega_{0\nu}^2 v_\varkappa^2}{1 + \omega_{0\nu}^2 v_\varkappa^2}$ und $\bar{K}_\nu = K_\nu \dfrac{1 + \omega_{0\nu}^2 v_\varkappa^2}{1 + 2\bar{\sigma}_\nu v_\varkappa + v_\varkappa^2(\bar{\sigma}_\nu^2 + \omega_\nu^2)}$

Für alle Teilformen gilt: $v_\varkappa = \tan \pi \dfrac{f_\varkappa}{f_A}$

— im Filterfall liegen alle $z_{0\nu}$ auf dem Einheitskreis —

$$y_{0\nu} = (\pm) \sqrt{1 - x_{0\nu}^2}$$

festgelegt. In den „Polynomfällen" (3.34a und b) liegen die Nullstellen bei $x_{0\nu} = 0$ oder $z_{0\nu} = -1$.

Den so ermittelten $T^{(0)}(z)$ bzw. $T^{(\nu)}(z)$ sind Realisierungen (Strukturdiagramme) zugeordnet, deren 1. und 2. kanonische Form einschließlich der Koeffizientenbeziehungen in Tafel 3.5 zusammengestellt sind. (Die Verknüpfungen werden durch Koeffizientenvergleich (Tafel 3.4 mit Tafel 2.8 bzw. Tafel 2.9) gewonnen.) Die Beschreibungen sind auf die oft bevorzugten Kettenformen gemäß (2.35) mit (2.35a und b) zugeschnitten. Durch eine Zusammenfassung zu $T(z)$ sind ohne Komplikationen auch die anderen, in Abschnitt 2.5. besprochenen Realisierungsvarianten zu finden.

Damit sind die wesentlichen Entwurfsschritte bereitgestellt, die wir im folgenden Beispiel in der Anwendung vorstellen.

Beispiel 3.4

Kennenlernen des Entwurfs eines zeitdiskreten rekursiven Tiefpasses (Digital-TP) mit Hilfe der Bezugsfilterapproximation.

Gegeben: Dämpfungstoleranzfeld, wie in Abb. 3.6a skizziert.

Gesucht: Realisierung (Strukturdiagramm) des digitalen TP, der diese Vorschrift befriedigt.

Lösung: Nach Tafel 3.3. finden wir:

— Wahl der Abtastfrequenz: $f_A \geqq f_{\max} + f_k = (8 + 4{,}3)$ kHz.

Gewählt: $f_A = 12{,}5$ kHz $\triangleq t_A = \frac{1}{f_A} = 80\,\mu$s.

— Transformation in ein analoges TP-Bezugsfilter aus der „Verzerrungsgleichung" $v = \tan \pi \frac{f_x}{f_A}$ erhalten wir nach Ein-

Tafel 3.5

Realisierungen (Strukturdiagramme) und Koeffizientenbeziehungen für Teilübertragungsfunktionen nach Tafel 3.4

$\mathscr{Z}$-Übertragungsfunktionen	Realisierungen

1. Grades: Aus dem Vergleich

$$T(z) = \frac{a_0 + a_1 z^{-1}}{1 - b_1 z^{-1}} = \frac{\overline{K}_0(1 + z^{-1})}{1 - x_0 z^{-1}}$$

folgt

$$a_0 = K_0 \; (= a_1)$$

$$b_1 = x_0$$

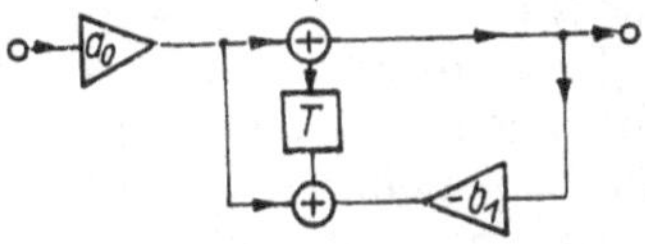

oder

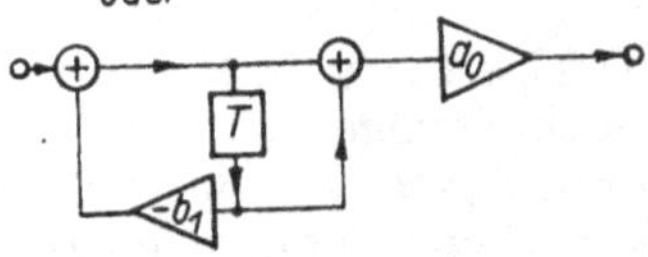

2. Grades: Aus dem Vergleich

$$T_\nu(z) = \frac{a_0 + a_1 z^{-1} + a_2 z^{-2}}{1 - b_1 z^{-1} + b_2 z^{-2}}$$

$$= \frac{\overline{K}_\nu - 2\overline{K}_\nu x_{0\nu} z^{-1} + \overline{K}_\nu z^{-2}}{1 - 2x_\nu z^{-1} + (x_\nu^2 + y_\nu^2)\, z^{-2}}$$

folgt

$$a_0 = \overline{K}_\nu \; (= a_2), \quad a_1 = -2\overline{K}_\nu x_{0\nu}$$

$$b_1 = 2x_\nu, \quad b_2 = x_\nu^2 + y_\nu^2$$

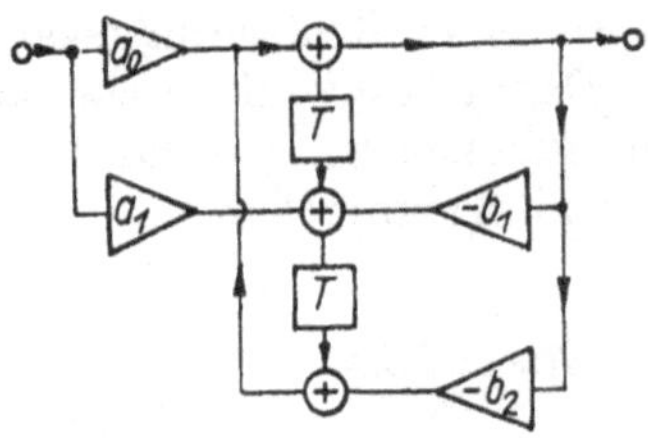

oder

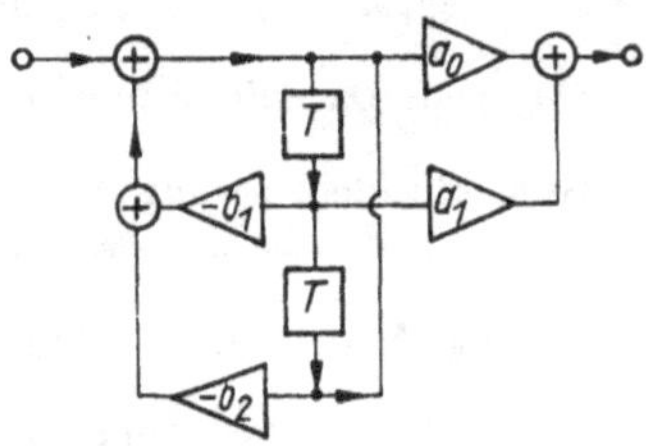

Ergänzung:

a_μ und b_ν sind Zahlenwerte, die unverändert für normierte und tatsächliche Systeme gelten. Dagegen tritt anstelle der normierten Taktzeit T im tatsächlichen Fall die tatsächliche Taktzeit $t_A = \frac{1}{f_A}$

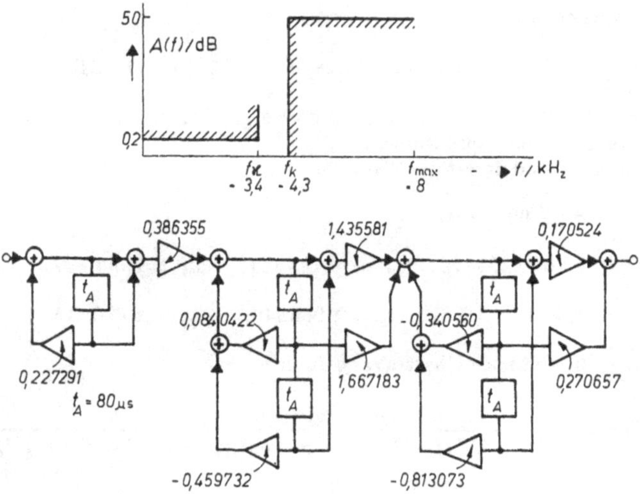

Abb. 3.6. **Entwurfsbeispiel für ein rekursives Filter**
a) **vorgegebenes Dämpfungstoleranzfeld**
b) **errechnete Realisierung**

setzen der speziellen Eckfrequenzen $f_\varkappa$ und f_k den entscheidenden Kennwert

$$v_k' = \frac{v_k}{v_\varkappa} = \frac{1{,}874408}{1{,}148748} = 1{,}631696.$$

— TP-Approximation mit Hilfe eines Katalogs normierter Analog-TP. Die endliche — praktisch möglichst klein zu wählende — Wortlänge der Koeffizienten eines Digitalfilters hat zwangsläufig Abweichungen zwischen theoretischem Sollverlauf und realisierbarer Istcharakteristik zur Folge. Erfahrungen haben gezeigt, daß besonders der Durchlaßbereich davon betroffen ist. Deshalb ist es ratsam, bei der Verteilung von Reserven mit einem etwas kleineren $A_{\max}$-Wert oder/und vergrößerten $f_\varkappa$-Wert zu rechnen. Da für $A_{\max} = 0{,}18$ dB $(= \varrho = 20\%)$ katalogisierte Daten vorliegen, erkennen wir z. B. aus dem Tabellenteil in [F 3; S. 544], daß mit geringstem

Aufwand ein

$$\text{TP C } n = 5 \text{ A}_{\text{max}} = 0{,}18 \text{ dB}, \quad \text{A}_{\text{min}} = 50{,}5 \text{ dB}$$

mit $\Theta = 38° \triangleq \omega_k = 1{,}624269$ die vorgeschriebenen Selektionseigenschaften approximiert.
Zugleich sind damit die PN-Daten

$$\bar{\sigma}_0 = 0{,}548080,$$

$$\bar{\sigma}_1 = 0{,}373729, \quad \omega_1 = 0{,}728533, \quad \omega_{01} = 2{,}566192,$$

$$\bar{\sigma}_2 = 0{,}110506, \quad \omega_2 = 1{,}046949, \quad \omega_{02} = 1{,}690112$$

bzw. die zulässige Übertragungsfunktion mit

$$T(p) = K \frac{(p^2 + \omega_{01}^2)(p^2 + \omega_{02}^2)}{(p + \bar{\sigma}_0)(p^2 + 2\bar{\sigma}_1 p + \bar{\sigma}_1{}^2 + \omega_1{}^2)(p^2 + 2\bar{\sigma}_2 p + \bar{\sigma}_2{}^2 + \omega_2{}^2)}$$

bekannt.
K ist durch $T(0) = 1$ zu $K = 0{,}021634$ festgelgt.

– Zurücktransformation in eine zulässige $\mathscr{Z}$-Übertragungsfunktion. Wir wenden dazu die expliziten Transformationsgesetzte von Tafel 3.4 an, die eine Zerlegung von $T(p)$ in Teilübertragungsfaktoren gemäß (2.35) voraussetzen.

Bei einer (willkürlichen) Zusammenfassung der Pole und Nullstellen (d. h. $\bar{\sigma}_1$, ω_1 mit ω_{02}, $\bar{\sigma}_2$, ω_1 mit ω_{01}) sowie einer Konstantenaufteilung [1])

$$K_0 = \bar{\sigma}_0, \quad K_1 = 0{,}825734 \quad \text{und} \quad K_2 = \frac{K}{K_0 K_1} = 0{,}047803$$

gilt

$$T(p) = \frac{0{,}548080}{p + 0{,}548080} \cdot \frac{0{,}825734(p^2 + 2{,}856479)}{p^2 + 0{,}747458p + 0{,}670433}$$

$$\times \frac{0{,}047803(p^2 + 6{,}585341)}{p^2 + 0{,}221012p + 1{,}108314}.$$

[1]) Eine Nachrechnung zeigt, daß $K_{2\text{ist}}$ – bei der gewählten willkürlichen Zuordnung der Pole und Nullstellen – von einem $K_{2\text{soll}} = 0{,}042210$ nur etwa 10% abweicht. (Damit ist gewährleistet,daß die Ausgangsamplituden an den einzelnen Kaskadenbausteinen praktisch maximal nur die Größe der Eingangsamplituden erreichen.)

Zahlenmäßig erhalten wir

$$T^{(0)}(z) = 0{,}386355 \frac{1 + z^{-1}}{1 - 0{,}227291z^{-1}},$$

$$T^{(1)}(z) = 1{,}435581 \frac{1 + 1{,}161333z^{-1} + z^{-2}}{1 - 0{,}0840442z^{-1} + 0{,}459732z^{-2}}$$

und

$$T^{(2)}(z) = 0{,}170524 \frac{1 + 1{,}587210z^{-1} + z^{-2}}{1 + 0{,}340560z^{-1} + 0{,}813073z^{-2}}$$

— Realisierung des $T(z)$ in Kettenform.

Mit den Bestimmungsgleichungen und den zugehörigen 2. kanonischen Formen erhalten wir schließlich das in Abb. 3.6b skizzierte Strukturdiagramm. Es realisiert mit minimalem Aufwand die anfangs gestellte Selektionsforderung.

4. Besonderheiten digitaler Systeme

Bisher haben wir uns (nicht zuletzt aus pädagogischen Gründen) auf das lineare zeitdiskrete Systemmodell mit wertkontinuierlichen Signalamplituden konzentriert, d. h., es waren insbesondere unendlich viele reelle Amplitudenwerte zugelassen. *Tatsächlich* streben wir eine *digitale Realisierung* mit *endlich vielen* (Amplituden-) Werten gleichermaßen für

- die Eingangssignale, für
- die (inneren) Zustandssignale und für
- die Ausgangssignale

an. Damit präsentiert sich als ein erstes Problem die Wahl der *Zahlendarstellung* und der *Wortlänge*. Insbesondere durch die begrenzte Wortlänge der Zustandssignale werden Nichtlinearitäten eingeführt, die unvermeidlich Übersteuerungs- und Stabilitätsprobleme zur Folge haben. Außerdem ist es gemäß Abb. 0.1 für Digitalsysteme typisch, daß der Übergang von der

analogen → digitalen Signaldarstellung

niemals fehlerfrei verwirklicht werden kann. Diese Abweichungen können (wie in der Vorstellungswelt des Elektronikers verankert) als rauschartige Störungen aufgefaßt werden, und es ist üblich, deshalb vom Quantisierungsrauschen zu sprechen. Aus Platzgründen müssen wir uns in dieser Taschenbuchausgabe mit überwiegend verbalen Formulierungen begnügen.

Zahlendarstellung und Quantisierung

Grundsätzlich kommen verschiedene Zahlensysteme mit

- Festkommazahlen oder mit
- Gleitkommazahlen in Betracht.

Die Wahl einer zweckmäßigen Zahlendarstellung wird wesentlich durch den verwendeten Code bestimmt, der wiederum nach Gesichtspunkten

- herrührend von den notwendigen arithmetischen Operationen (Additionen und Multiplikationen) und
- herrührend von der Kompatibilität mit den einzusetzenden A/D- bzw. D/A-Wandlern

festgelegt wird. Durch die rasche Entwicklung der Halbleitertechnik treten bereits Aspekte bezüglich des Speicherplatzbedarfes zurück, da digitale Speicher (als „Schrittmacher der VLSI-Technik") mit großer Kapazität bei niedrigen Kosten verfügbar sind.

In der Praxis wird durchweg das *dyadische Zahlensystem* benutzt. Jede reelle Zahl r wird dabei als Folge von Binärzeichen dargestellt. Formelmäßig gilt

$$r = \sum_{\nu=-\infty}^{n} d_\nu 2^\nu, \tag{4.1}$$

wobei die Elemente d_ν der Binärfolge

$$(d_n)\,(d_{n-1})\ldots(d_0),\,(d_{-1})\ldots \tag{4.2}$$

nur die Werte Null oder Eins annehmen können. (Der Hinweis „binär" für die *Zeichenkette* (4.2) kann entfallen, wenn statt „1" das Symbol „L" verwendet wird.)

Die Wertigkeit des einzelnen Binärzeichens d_ν erkennen wir an dem Komma (üblich ist teilweise auch ein Punkt) zwischen den Zeichen mit dem Faktor 2^0 und 2^{-1}. (4.2) ist somit eine *Festkommazahl*. Für negative Zahlen sind entweder

— eine *Vorzeichen-Betrags-Darstellung*

(Hier wird der Betrag einer negativen Zahl r, die durch $r > -2^{n+1}$ beschränkt ist, wie zuvor dargestellt und durch eine Vorzeichenstelle $(d_{n+1}) = \mathrm{L}$ ergänzt. Bei positiven Zahlen ist $d_{n+1} = 0$. Vorteilhaft bei Multiplikationen) oder

— eine *Zweier-Komplement-Darstellung*

(Hier werden negative Zahlen $r \geqq -2^{n+1}$ durch ihr Zweier-Komplement ($K2$)

$$K2(|r|) = 2^{n+1} - r \tag{4.3}$$

beschrieben. Vorteilhaft bei Additionen. Handelsübliche A/D- bzw. D/A-Wandler bevorzugen diesen Algorithmus. Deshalb dominiert insgesamt diese Darstellungsform.) im Gebrauch.
(4.2) steht die Darstellung mit *Gleitkomma*

$$r = \alpha 2^\beta \tag{4.4}$$

gegenüber, wobei eine normierte Mantisse $1 > |\alpha| \geqq \frac{1}{2}$ und ganzzahlige Exponenten β üblich sind.

Vergleich: Während die Multiplikation zweier Gleitkommazahlen gegenüber der Festkomma-Multiplikation nur wenig aufwendiger ist, trifft das für die Addition nicht zu, da zuvor eine Verschiebung der Operandenmantisse notwendig ist. Damit ist der Festkommafall grundsätzlich praktischer.

In praxi ist die Wortlänge stets endlich, und damit wird in Festkommaform r durch den endlichen unechten

Dualbruch

$$r \approx r_q = \sum_{\nu=-\infty}^{n} \tilde{d}_\nu 2^\nu \tag{4.5}$$

approximiert. Der Index kennzeichnet die *Quantisierung.* Die Quantisierungsstufen betragen

— im Festkommafall $Q_f = 2^{-m}$ (4.6a)

und

— im Gleitkommafall $Q_g = 2^{\beta-m}$ (4.6b)

bei m-stelligen Mantissen.

Gebräuchlich sind die speziellen Methoden:

— *Abschneiden* der Stellen d_ν für $\nu < -m$ im Zweier-Komplement- oder Vorzeichen-Betrags-Darstellung

$$\tilde{d}_\nu = d_\nu \quad \text{für} \quad n \geqq \nu \geqq m, \tag{4.7}$$

— *Rundung* der Stellen, d. h. Abschneiden wie zuvor, nachdem 2^{-m-1} zu r addiert wurde.

Alle diese Aussagen gelten für beschränkte Zahlen der Art

$$|r| \leqq 2^{n+1}. \tag{4.8}$$

Wenn vor einer Quantisierung betragsgrößere Zahlen vorkommen, müssen weitere Fehler durch Einengung des Zahlenbereiches in Rechnung gesetzt werden. Zusammenfassend treten infolge der *endlichen Wortlänge* folgende „Störungen i. w. S." (= Fehler) auf:

— *Quantisierungsrauschen* (auch als Rundungsrauschen bezeichnet),

— Vom Sollverlauf *abweichende Verwirklichung der Übertragungsfunktion* (*wegen fehlerhafter* Multiplizierer-Koeffizienten),

— *Instabilitäten*

- hervorgerufen durch Übersteuerung des nunmehr nichtlinearen Systems und
- bei rekursiven Systemen, hervorgerufen durch (ungewollt auftretende) periodische Ausgangsfolgen infolge der Rundung, die *Grenzzyklen* genannt werden.

Diese Fehler lassen sich zwar grundsätzlich durch größeren Aufwand (d. h. größere Wortlänge) beliebig klein halten. Tatsächlich ist es interessanter, welche Mindest-Wortlänge bei vorgegebenen Fehlerschranken erforderlich ist. Wegen der Wichtigkeit dieser Fragestellung existiert bereits eine aussagekräftige Spezialliteratur [H 1], [L 1], [S 2]. Hauptuntersuchungsmethoden sind

— statische Abschätzungsmethoden (z. B. worst-case-Ansatz),
— Simulationsmethoden (auf Digitalrechnern) oder
— Meßerfahrungen bei Systemen mit einstellbaren Wortlängen.

Das wesentliche Ergebnis solcher Betrachtungen besteht darin, daß sich verschiedene Realisierungen hinsichtlich der Fehlereigenschaften ganz unterschiedlich verhalten. Generell kann (in der hier nur möglichen verbalen Kurzform) gesagt werden:

— Bei nichtrekursiven Systemen sind die 1. oder 2. kanonische Realisierung (Direktformen) vorteihaft.
— Bei rekursiven Systemen ist eine Kaskaden- oder Parallelschaltung von Teilsystemen (2. Grades) vorzuziehen, wenn die genannten Fehlerarten etwa gleichgewichtig eingehen sollen.

Insgesamt wird gegenwärtig der Festkommarealisierung bei digitalen Filtern aus Aufwandgründen der Vorrang eingeräumt.

5. Realisierungsarten und Anwendungen

Die Anwendungsmöglichkeiten für die in den vorangegangenen Abschnitten dargelegten diskreten Methoden sind sehr vielfältig. Wie schon wiederholt gesagt, läßt sich infolge der rapiden technologischen Entwicklung nur ein ganz bestimmter Trend und noch keinesfalls eine abschließende Wertung angeben. Fest steht nur: Die digitalen Varianten, und damit Algorithmen und Software, sind im Vordringen und werden mehr und mehr Herkömmliches ersetzen.

Realisierungsarten

Für die in den vorangegangenen Abschnitten beschriebene diskrete Signalverarbeitung werden Bausteine benötigt, die Signale

— summieren,
— mit konstanten Faktoren multiplizieren und
— verzögern.

Da der Schaltungsaufwand beim digitalen Aufbau bei bestimmten Anwendungen noch beträchtlich ist, kann in ausgewählten Fällen die Realisierung als *analoges Abtastfilter* oder (allgemein) in Analogtechnik interessant sein. Zu diesem Problemkreis hat neuerdings H. Unger [U 11] in einer sehr umfassenden Arbeit Erkenntnisse publiziert. Recht günstige Empfindlichkeitseigenschaften kann er insbesondere für Abzweigstrukturen mit getakteten Integratoren nachweisen. Die Theorie nimmt Bezug auf das günstige herkömmliche LC-Filter-Modell, und die vorgeschlagene Eimerkettenrealisierung ist auch als integrierter Schaltkreis denkbar. Zugeschnitten sind die zuvor genannten Signaloperationen für eine digitale Realisierung oder eine Ausführung in *Digitaltechnik*. Entwicklungsmäßig begann diese Realisierungsart mit *diskret* aufgebauten Schaltungen, die logische Operationen durchführen, d. h., es waren Schaltungen, deren Ein- und Ausgangsgrößen eine zeitliche Sprungfunktion mit (meist zwei) wertdiskreten Stufen darstellen. Das angepaßte Rechenhilfsmittel ist

— die (klassische) Schaltalgebra oder die *kombinatorische Logik*, d. h.
  die Lehre von den *zeitlosen* Verknüpfungen (technisch realisierbarer Grundschaltungen).

Eine für Digitalfilter nützliche Baugruppe, die auf diese Weise entworfen werden kann, ist das *Schieberegister*. Es besteht aus einer Anzahl von Speicherzellen, die je einen Binärwert aufbewahren können und damit den, z. B. beim „Transversalfilter" geforderten, Verzögerungseffekt verwirklichen [S 3]. Logische Schaltungen werden nach ihrem inneren Aufbau in verschiedene Gruppen eingeteilt, die *Schaltungsfamilien* genannt werden. Beispiele dafür sind

— die Widerstands-Transistor-Logik (Resistor Transistor Logic, RTL), die Eingangssignale in Form von Eingangsströmen in einem Summenpunkt addiert und
— die Transistor-Transistor-Logik (TTL), die am meisten verbreitet ist.

(Diese Klassifizierung gilt auch für die noch zu besprechenden integrierten Schaltungen. Es sind damit Bauelemente realisierbar, die die diskrete Technik nicht kennt. Ein solches ist in der TTL-Technik der Multi-Emitter-Transistor, der zu erhöhter Schaltgeschwindigkeit bei geringem Flächenbedarf und kleinen Kapazitäten führt.) Eine wesentliche Weiterentwicklung (die etwa 1960 einsetzte) waren *Integrierte Schaltungen*, IS (engl. IC), d. h. Anordnungen, die nach ihrem Aufbau ohne Zerstörung nicht trennbar sind und nur als ganze Einheit (Baugruppe) eingesetzt werden können. Oder anders formuliert: Es ist ein „Bauelement", das aus unlösbaren Schaltelementen besteht. Beginnend bei der

— Klein-Integration (SSI) mit wenigen logischen Verknüpfungen je Einkristall über die
— mittlere Integration (MSI) mit einigen 10 logischen Verknüpfungen, Schieberegistern usw. je Einkristall bis zur
— Großintegration (LSI) mit z. Z. bis 10^5 Einzeltransistoren je Einkristall

ist diese Technik in viele Bereiche unseres Lebens eingedrungen. Beispiele sind der Taschenrechner, die quarzgesteuerte Armbanduhr und Prozeßsteuerungen aller Art. Ausgelöst wurde diese Entwicklung durch die Großrechentechnik und hier speziell durch Fortschritte in der Speicherrealisierung. Weil es für künftige mikroelektronische Ausführungen bedeutsam ist, weisen wir kurz auf die wichtigsten Varianten hin.

Speicherschaltungen

— Schreib-Lese-Speicher mit wahlfreiem Zugriff (Random Access Memory, RAM) sind Speicher, bei denen jede Zelle adressierbar ist.
— Nur-Lese-Speicher sind frei adressierbare Festspeicher, deren Information im Normalbetrieb unverändert bleibt (d. h., die nur gelesen werden können). Weitergehend unterscheiden wir

ROM	=	Read Only Memory,
PROM	=	Programmable ROM,
EPROM	=	Erasable PROM,
REPROM	=	Reprommable ROM.

— Speicher in CCD-Technik sind platzsparende und sehr einfach herstellbare Speicher, die auf dem Ladungstransportprinzip (Charge Coupled Device, CCD) beruhen. Transversalfilter auf dieser Realisierungsbasis sind eine sehr moderne Variante, die u. U. für den in großen Stückzahlen benötigten PCM-Sprachtiefpaß interessant ist [L 15].

Anwenderspezifische Schaltkreise (oder Kundenschaltkreise) sind spezielle komplexe Verknüpfungsschaltungen in LSI-Technik, die bei genügend großen Stückzahlen ($> 10)^4$ vorteilhaft sind. Beispiel dafür sind Subsysteme in Fernschreibmaschinen, in elektronischen Musikinstrumenten und in Meßgeräten. Solche Anordnungen sind IC, die aufgrund eines „Kundenwunsches" entwickelt werden. Sie sind in der Regel nur für eng begrenzte

Einsatzfälle verwendbar. – Diese Schranke kann effektiv überwunden werden durch

Mikrocomputer (MC), bei dem alle Funktionseinheiten eines Rechners mit wenigen IS realisiert werden. Obwohl die Struktur mit der eines Großrechners prinzipiell

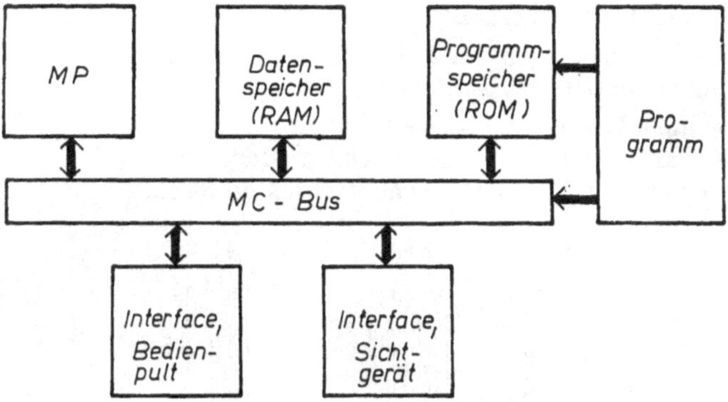

Abb. 5.1 Blockbild eines Mikrocomputers

identisch ist, sind seine Kosten und seine Leistungsfähigkeit naturgemäß geringer. Abb. 6.1 zeigt das Blockbild eines MC mit

– der Zentraleinheit, auch Mikroprozessor genannt,
– dem Programmspeicher (ROM/PROM/EPROM oder RAM)
– dem Arbeitsspeicher (RAM) und
– der Ein- und Ausgabe.

Der MC führt (im Gegensatz zu diskret aufgebauten bzw. anwenderspezifischen Schaltkreisen, die meist parallel arbeiten) seine Informationsverarbeitung *sequentiell* mit Hilfe eines *gespeicheren* Programms durch. Damit ist der MC eine Standardanordnung, die anwenderspezifisch programmiert werden kann. Sein Hauptbestandteil ist der

Mikroprozessor (MP), der die Datenverarbeitung bei *fester* Wortlänge mit Hilfe der inneren Logik und dem extern gespeichertem Programm verwirklicht. Es gibt 2-Bit-, 4-Bit-, 8-Bit- und 16-Bit-Ausführungen. Die mit MC bzw. MP lösbaren Aufgaben lassen sich global in

— *Überwachen, Steuern* und *Regeln von Systemen* (besonders auch von Meßgeräten) und in
— *Realisierung von Systemen* (besonders auch von Meßgeräten) einteilen.

Damit haben wir zusammenfassend die Möglichkeiten, Signalverarbeitungsaufgaben

— mit Analogtechnik oder
— mit „diskreter“ Digitaltechnik oder
— mit „integrierter“ Rechentechnik zu lösen.

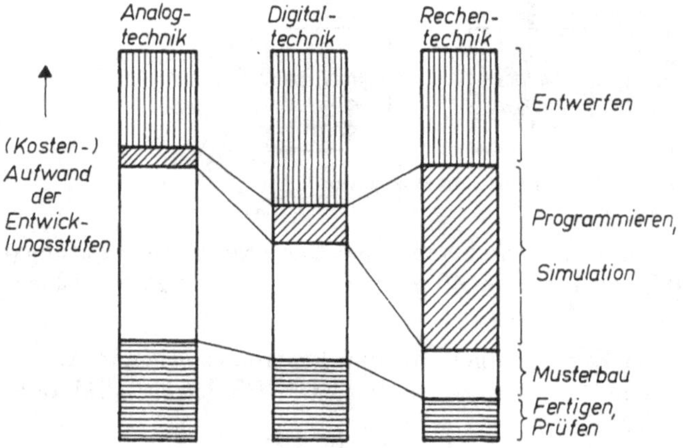

Abb. 5.2. Merkmale der verschiedenen technischen Ausführungsformen

Setzen wir die Entwicklungskosten als gleich hoch an, so charakterisiert Abb. 5.2 den Anteil der einzelnen Bearbeitungsschritte: Es wird dadurch evident, daß der eigentliche „Laboraufbau“ kosten- (und zeit-) mäßig bei den neuen Techniken zusammenschrumpft, während insbesondere bei rechentechnischen Realisierungen Programmieren und Simulation als neue theoretische Bearbeitungsschritte hinzutreten.

Tafel 5.1 zeigt in einer Gegenüberstellung die Vor- und Nachteile bei der Verwendung von frei programmierbaren MP. Es ist abzusehen, daß künftig die gesamte

Tafel 5.1

Einsatzmerkmale bei der Anwendung frei programmierbarer MP

Vorteilhafte Merkmale:	Nachteilige Merkmale:
– *Höhere Zuverlässigkeit* im Vergleich zur Diskretlogik (durch Reduktion von Anschlüssen) – *Universellere* Hardware mit *problemspezifischer* Software – leichtere Prüfarbeit durch Testsoftware – einfachere Realisierung nachträglicher Änderungen – keine Produktionskosten für die Software	– Entwickler und Anwender sind z. Z. noch zu wenig für die „moderne Softwarelösung“ ausgebildet – die erforderliche *deduktive algorithmische* Denkweise ist (im Gegensatz zum induktiven konventionellen Vorgehen) noch nicht genügend verbreitet) – problemorientierte höhere Programmsprachen für MP sind z. Z. erst wenig entwickelt bzw. fehlen ganz

Rechner-Hardware-Technologie durch die verfügbaren MP-Ausführungen bestimmt wird. Damit kann weiter gesagt werden:

Rechentechnische Lösungen zur Realisierung von Systemen — das ist der Aspekt, der uns hier allein interessiert — erfordern eine umfangreiche theoretische Phase mit den Bearbeitungsstufen

— Formulierung eines Algorithmus,
— Aufstellung eines (Maschinen-) Programms und
— Realisierung mit einem (Universal-) Rechner.

Strategie

Bevor wir auf die Vielzahl der bereits in der Praxis anzutreffenden bzw. von dieser in Aussicht gestellten Anwendungen detailliert hinweisen, sei nochmals kurz die Strategie unseres Vorgehens in Erinnerung gebracht. Dabei fassen wir den Rahmen bewußt weiter, als es zunächst in den vorangegangenen Abschnitten geschah.

Grundsätzlich werden reale physikalische Systeme durch abstrakte mathematische Modelle approximiert. In der diskreten Signal- und Systemtheorie sind die Signal- und Systemparameter diskrete Funktionen einer (oder auch mehrerer) diskreten Variablen. Mit den z. B. für die Signalbeschreibung eingeführten eindimensionalen Folgen (1.12) können bereits die realen Signale charakterisiert werden, die Spannungs- oder Stromfunktionen über der Zeit — sie werden auch Nachrichtenfunktionen genannt — sind. Entsprechend ist es möglich, mehrdimensionale Folgen zu definieren, die von mehrdimensionalen Funktionen herrühren. Zusätzlich wird oft eine Wertquantisierung gefordert, d. h., eine digitale Beschreibung dominiert. Der beschränkte, quantisierte Wertebereich der Folgen $f_\nu(k)$, $\nu = 1, 2$, liegt im Körper

$$K = \{R, +, \cdot\} \tag{5.1}$$

der reellen Zahlen mit den Operationen Addition $(+)$ und Multiplikation $(\cdot)$. Dabei ist das letzte Wort über mögliche, für Mikroprozessoren besonders günstige, Zahlendarstellungen noch nicht gesprochen [G 13].

Besonders angeregt durch die Regelungstheorie, die auch die Betrachtung von Mehrfachsystemen einschließt, ist die *Zustandsbeschreibung*

$$\begin{aligned} \boldsymbol{x}(k+1) &= \boldsymbol{A}\boldsymbol{x}(k) + \boldsymbol{B}f_1(k), \\ f_2(k) &= \boldsymbol{C}\boldsymbol{x}(k) + \boldsymbol{D}f_1(k) \end{aligned} \tag{5.2}$$

ein leistungsfähiger Ansatz. (Für Einfachsysteme haben wir die Gesetzmäßigkeiten in Abschnitt 2.3.2 kennengelernt.) Diese *Zeit-Differenzen-Beschreibung* mit einer bestimmten — durch Flußbilder darstellbaren — inneren Systemorganisation ist eine kompakte Matrizendarstellung, die sich vorteilhaft numerisch auswerten läßt. (5.2) ist auch die Brücke zur *Theorie der linearen Automaten* der Rechentechnik.

Diese allgemeine mathematische Theorie kann sowohl zur *Analyse* als auch zur *Synthese* realer physikalischer Prozesse eingesetzt werden.

Im ersten Fall werden die Signal- und Systemparameter aus *gemessenen* Ein-Ausgangs-Größen des *realen* Systems hergeleitet. In der Formulierung (5.2) für das Systemmodell kommt das einer Bestimmung der Systemmatrizen $\boldsymbol{A}$, $\boldsymbol{B}$, $\boldsymbol{C}$ und $\boldsymbol{D}$ gleich, wodurch das System selbst auch vollständig beschrieben ist.

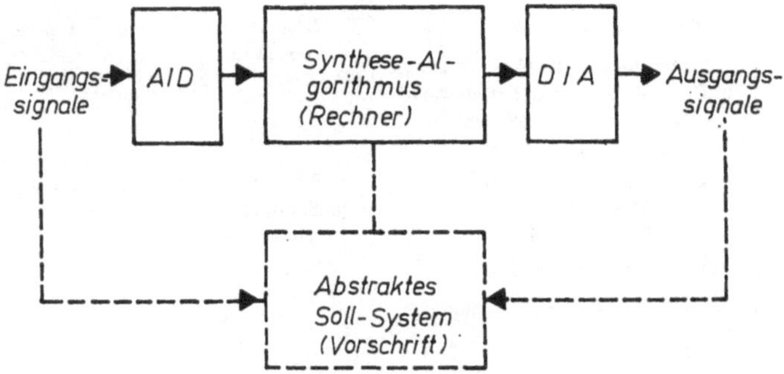

Abb. 5.3. Zur Gewinnung von Modellparametern aus vorgeschriebenen (Soll-) Größen

Im zweiten Fall gewinnen wir die Modellparameter aus den *vorgeschriebenen* Ein-Ausgangs-Größen des zu *entwerfenden* Systems. Abb. 53 veranschaulicht schematisch diese Fragestellungen. Seit der Mitte der sechziger Jahre werden für beide Probleme Digitalrechner eingesetzt.

Anwendungen

In tabellarischer Form zeigt Tafel 5.2 die wesentlichen Anwendungen. Es ist nun bemerkenswert, daß zwei Ansätze — die wir ausführlicher besprochen haben — nämlich

- der *FFT-Algorithmus* (für eine effektive Signal- und Systemdarstellung) und
- das *zeitdiskrete* bzw. *digitale Filter* (für eine leistungsfähige Signalverarbeitung)

zur Lösung der tabellarisch vorgestellten Anwendungen sehr nützlich sind. Durch MP-Ausführungen (mit den in Tafel 5.1 aufgezählten Merkmalen) werden nicht nur moderne technologische Lösungen präsentiert, sondern

Tafel 5.2
Anwendungsmöglichkeiten

A. *Analysenprobleme*	Besonders geeignete Realisierungsformen
1. Auswertung statistischer Vorgänge	
z. B. – Mittelwerte, Histogramme	
– Korrelationsgrößen	DF, FFT
2. *Frequenzanalyse*	
z. B. – Amplitudendichten – Energiedichten – Leistungsdichten	FFT bei konstanter absoluter Bandbreite, DF bei konstanter relativer Bandbreite
3. Systemidentifikation	FFT
4. Sprach- bzw. Bilderkennung	
B. *Syntheseprobleme*	
1. Signalerzeugung (determinierte und zufällige)	
2. *Signalselektion*	
z. B. – Frequenzfilter	siehe Zeile A 2
– Korrelationsfilter	DF, FFT
– Optimalfilter (Kalmanfilter)	
3. Codierung	
z. B. – Quellencodierung	FFT
– Kanalcodierung	
– Transcodierung	FFT
4. Sprach- bzw. Bildsynthese	

die so verwirklichten Algorithmen sind auch frei programmierbar und an nachträgliche Änderungen angepaßt [L 16].

Bei der Systemrealisierung selbst unterscheiden wir zwischen einer

- *Echtzeiterfassung* mit anschließender „Off-line"-Verarbeitung und einer
- *Echtzeitverarbeitung* (Ein- und Ausgabe inbegriffen).

Der erste Fall ist der einfachere. Dabei werden aus einem Zeitsignal „Probenintervalle“ entnommen, in Echtzeit erfaßt und abgespeichert. Daran schließt sich die eigentliche Verarbeitung, die ein Vielfaches der „Meßzeit“ betragen kann, an. Grundsätzlich sind dafür alle MP brauchbar. Charakteristisch dafür sind Meßsysteme für

- Signalmittlungen (im Zeit- und Frequenzbereich) und für
- statistische Kenngrößen (z. B. Varianz, Mittelwerte, Histogramm).

Der zweite Fall ist anspruchsvoller. Aus den „Systemdaten“ folgen insbesondere Forderungen an die einzusetzenden MP, die sich auf die Wortlänge und die Geschwindigkeit des Prozessors beziehen.

Dazu ist anzumerken, daß die verbreiteten 8-Bit-MP den Anforderungen nicht genügen, da sowohl bei der FFT-Spektralanalyse als auch bei digitalen Filtern damit nur ein Störabstand (Sperrdämpfung) von 30–40 dB erzielbar ist. Zur Erhöhung der Genauigkeit (und aus Gründen maximaler Geschwindigkeit) arbeiten die industriellen Signalverarbeitungssysteme deshalb vorzugsweise mit 16-Bit-Festkommaarithmetik. Der Störabstand erhöht sich damit auf 70–80 dB, d. h., er verdoppelt sich ebenfalls.

Die Zykluszeit des MP legt die maximale Datenrate fest, bei der noch Echtzeitbetrieb gewährleistet ist. Falls die Geschwindigkeit des MP für einen solchen Betrieb nicht ausreicht, kann durch

- Mikroprogrammierung von problembedingten Makrobefehlen oder durch
- externe Arithmetikeinheiten eine Steigerung bewirkt werden.

6. Rück- und Ausblick

Die ständig wachsende Bedeutung der Informationstechnik, der elektronischen Meßtechnik und der Regelungstechnik verlangen permanent die Entwicklung neuer und verbesserter Gerätesysteme. In diesen Einrichtungen spielen Bausteine der Frequenzselektion, d. h. Siebschaltungen oder Filter, die vorgeschrieben genau Nutzsignalbänder übertragen und andere Frequenzbereiche unterdrücken, eine wichtige Rolle. Als Musterbeispiel sei das analoge Frequenzmultiplexe Trägerfrequenzsystem erwähnt, bei dem die Filterrealisierungen entscheidend das Konzept bestimmen bzw. verwirklichen.

Es ist eine wichtige Feststellung, daß moderne Filterausführungen für den geplanten — technisch genutzten — Frequenzbereich von

weniger als 1 Hz bis ins MHz-Gebiet

lückenlos zur Verfügung stehen.

Beginnend bei tiefen Frequenzen sind folgende Realisierungsarten bedeutsam

- Digitalfilter
- Analoge Abtastfilter
- CCD-Filter (oder Ladungstransfer-Filter)
- SC-Filter (oder Schalter-C-Filter)
- (Aktive) Kaskadenfilter
- (Aktive) Übersetzer-Filter
- (Aktive) MLF-Filter
- Mechanische Filter
- Monolythische Quarzfilter und
- Oberflächenwellen-Filter.

Diese „äußere Vielfalt" stützt sich im Prinzip auf eine überschaubare Anzahl von „Systemmodellen", die durch die Bezeichnungen

- Passives LC-Modell
  - mit konzentrierten Elementen (Klassische Siebschaltung)
  - mit verteilten Elementen (Leitungsmodell)
- Aktives RC-Modell und
- Zeitdiskretes Netzwerkmodell

treffend charakterisert werden. Diese Formen sind (und bleiben) die Wurzeln aller modernen technologischen Ausführungen, wobei dem passiven LC-Modell mit konzentrierten Elementen eine Dominantrolle zukommt. Bei Anwendungen mit extrem großen Stückzahlen, wie z. B. beim PCM-Sprachtiefpaß in Vielkanal-Telefon-Systemen oder beim ZF-Filter für (AM- und FM-) Rundfunk-Empfänger, läßt sich absehen, daß Ausführungen mit „sehr großem Integrationsgrad (VLSI) technische Wirklichkeit werden. (Weltweit wird an solchen Realisierungen gearbeitet, wie das speziell die Darstellungen in [G 11], [M 11] und [L 15] dokumentieren.

Diese zukunftsweisenden Filterausführungen können als

1. CCD-Filter,
2. SC-Filter und
3. Digitale Filter realisiert werden.

Beim Netzwerkentwurf liegt der Schwerpunkt – wenn hier von speziellen Approximationsaufgaben abgesehen wird – bei Realisierungen, die modernen Systemkonzeptionen und Technologien entsprechen. Das spulenlose Filter ist Trumpf. Bei tiefen Frequenzen werden digitale und RC-aktive Ausführungen nebeneinander bestehen. Dabei ist es nützlich, auch nur „rationelle Algorithmen" (z. B. die schnelle FOURIER-Transformation für Filter mit konstanter Absolutbandbreite) hardwaremäßig zu verwirklichen. Für hohe Frequenzen werden mechanische Filter im weiteren Sinne (z. B. als keramische, monolythische Quarz-und akustoelektronische Realisierungen) verstärkt wirksam werden. Es ist eine vorteilhafte Feststellung, daß aus der Vielzahl der Varianten immer besonders geeignete Ausführungen für ein spezielles Frequenzgebiet bzw. für spezifische Anwendungen zur Verfügung stehen.

Ein wesentliches Hilfsmittel zur raschen Erreichung dieser Ziele sind und bleiben schöpferische gedankliche Überlegungen, die intensiv die Möglichkeiten der modernen Mikroelektronik nutzen.

Weiterführende Literatur: [F 8], [K 3], [Z 1], [A 11], [B 11], [B 12], [C 11], [F 11], [F 12], [F 14], [F 15], [F 16], [F 17], [G 11], [G 12], [H 11], [H 12], [K 11], [L 11], [L 15], [L 16], [M 11], [O 11], [R 13], [S 11], [S 12], [U 11].

Literaturverzeichnis

A. *Bücher*

[A 1] AHMED, N./RAO, K. R.: Orthogonal Transforms for Digital Signal Processing. Berlin, Springer-Verlag, 1975

[B 1] BLINCHIKOFF, H. J./ZVEREV, A. I.: Filtering in the Time and Frequency Domains. New York, J. Wiley, 1976

[B 2] BODE, H. W.: Network analysis and feedback amplifier design. New York, Van Nostrand, 1945

[B 3] BRIGHAM, E. O.: The Fast Fourier Transform. Englewood-Cliffs, Prentice-Hall, 1974

[F 1] FÖLLINGER, O.: Lineare Abtastsysteme. München, R. Oldenbourg-Verlag, 1974

[F 2] FRITZSCHE, G.: Systeme-Felder-Wellen. Berlin, VEB Verlag Technik, 1975

[F 3] FRITZSCHE, G.: Theoretische Grundlagen der Nachrichtentechnik. Berlin, VEB Verlag Technik, 1976

[F 4] FRITZSCHE, G.: Wissensspeicher Informationsübertragung. Berlin, VEB Verlag Technik, 1977

[F 5] FRITZSCHE, G.: Grundlagen und Entwurf passiver Analogzweipole (Netzwerke I), WTB-Band 208. Berlin, Akademie-Verlag, 1979

[F 6] FRITZSCHE, G.: Entwurf passiver Analogvierpole (Netzwerke II), WTB-Band 209. Berlin, Akademie-Verlag, 1979

[F 7] FRITZSCHE, G.: Entwurf aktiver Analogvierpole (Netzwerke III), WTB-Band 210. Berlin, Akademie-Verlag, 1980

[F 8] FRITZSCHE, G./SEIDEL, V.: Aktive RC-Schaltungen in der Elektronik. Berlin, VEB Verlag Technik, 1981

[H 1] HEUTE, U.: Über Realisierungsprobleme bei nichtrekursiven Digitalfiltern. Ausgewählte Arbeiten über Nachrichtensysteme Nr. 20. Erlangen, 1975

[K1] KLEIN, W.: Finite Systemtheorie, Teubner-Studienbücher: Elektrotechnik. Stuttgart, Teubner, B. G., 1976

[K 2] KRESS, D.: Theoretische Grundlagen der Übertragung digitaler Signale. Berlin, Akademie-Verlag, 1979

[K 3] KÜNEMUND, F.: Passive Filter, Abschnitt in Rint, C. (Hrsg.) Handbuch für Hochfrequenz- und Elektrotechnik, Bd. 2. München, Hüthig u. Pflamer Verlag, 1978

[K 4] KÜPFMÜLLER, K.: Die Systemtheorie der elektrischen Nachrichtenübertragung. Stuttgart, S. Hirzel-Verlag, 1949

[K 5] KUO, F. F./KAISER, J. F. (Hrsg.): System Analysis by Digital Computer. New York, J. Wiley, 1966

[L 1] LACROIX, A.: Digitale Filter, Abschnitt in Rint, C. (Hrsg.) Handbuch für Hochfrequenz- und Elektrotechnik, Bd. 2. München, Hüthig u. Pflamer Verlag, 1978

[L 2] LIFERMANN, J.: Théorie et application de la transformation de Fourier rapide. Paris, Masson, 1977

[M 1] MARKO, H.: Methoden der Systemtheorie, Berlin, Springer-Verlag, 1977

[S 1] SAAL, R.: Handbuch zum Filterentwurf. Berlin, AEG Telefunken, 1979

[S 2] SCHÜSSLER. H. W.: Digitale Systeme zur Signalverarbeitung. Berlin, Springer-Verlag, 1973

[S 3] SCHÜSSLER, H. W.: Über Eigenschaften und Entwurf digitaler Filter. Ausgewählte Arbeiten über Nachrichtensysteme. Erlangen, 1976

[S 4] SCHWARZ, H.: Zeitdiskrete Regelungssysteme. Berlin, Akademie-Verlag, 1979

[Z 1] ZVEREV, A. J.: Handbook of Filter Synthesis. New York, Wiley, 1967

B. *Originalarbeiten*

[A 11] ANTONIOU, A.: Gyrators using operational amplifiers. Electronics Letters **3** (1967), H. 8, S. 350–352

[B 11] BÖHME, R.: Entwurf aktiver RC-Filter in Kaskadentechnik. Dissertation B, Dresden, HfV, 1975

[B 12] BRUTON, L. T.: Network transfer function the concept of frequency dependent negative resistance. IEEE Trans. CT **16** (1969) S. 406–408

[B 13] BUCHHOLZ, G.: Diskret-Filter — systemtheoretische Grundlagen, Nachrichtentechnik/Elektronik **25** (1975), H. 10, S. 378—382

[B 14] BUCHHOLZ, G.: Entwurf von Diskret-Filtern. Nachrichtentechnik/Elektronik **25** (1975), H. 11, S. 430—433

[B 15] BUCHHOLZ, G.: Entwurf diskreter Filter mit Katalogen (P- und T_1-Fall), Nachrichtentechnik/Elektronik **26** (1976), H. 11, S. 409—415

[B 16] BURRUS, C. S./PARKS, T. W.: Time Domain Design of Recursive Digital Filters. IEEE Transact. on Audio- and Electroacoustics **AU—18** (1970), 137—141

[C 11] CHRISTIANSEN, P./GEBHARDT, P. J./Kohlbacher, G.: Integration von Filtern mit linearen MOS-Schaltungen. Wiss. Bericht AEG-Telefunken **52** (1979), 131—138

[C 12] COOLEY, J. W./TUKEY, J. W.: An Algorithm for the Machine Calculation of Complex Fourier Series. Math. of Comp. **19** (1965), No. 90, pp. 297—301

[D 11] Digital Signal Processing Committee (Hrsg.): Selected Papers in Digital Signal Processing II. IEEE Press Selected Reprints Series, 1975

[F 11] FETTWEIS, A.: Basis Principles of Switched-Capacitor Filters Using Voltage Inverter Switches. AEÜ **33** (1979), 13—19

[F 12] FETTWEIS, A.: Switched-Capacitor Filters Using Voltage Inverter Switches: Further Design Principles. AEÜ **33** (1979), 107—114

[F 13] FRITZSCHE, G.: Systemtheorie der Abtastvorgänge. Nachrichtentechnik/Elektronik **25** (1975), H. 9, 2. 332—334

[F 14] FRITZSCHE, G./JENTSCHEL, H.-J.: Poldaten und Koeffizienten von Übertragungsfaktoren mit minimaler Polgüte (T-Approximationen). Nachrichtentechnik/Elektronik **25** (1975), H. 6, S. 225—232

[F 15] FRITZSCHE, G.: Approximationsprobleme bei Analog- und Diskretfilternetzwerken in einheitlicher Sicht. Nachrichtentechnik/Elektronik **27** (1977), H. 1, S. 36—39

[F 16] FRITZSCHE, G./JENTSCHEL, H.-J.: PN-Daten und Koeffizienten von Übertragungsfaktoren mit minimaler Polgüte (C_n-Approximationen). Nachrichtentechnik/Elektronik **27** (1977), H. 5, S. 208—210

[F 17] FRITZSCHE, G.: Netzwerkentwurf im MHz-Bereich. Tagungsbericht 23. IWK TH Ilmenau (1978), Vortragsreihe „Nachrichtentechnik", S. 5—8

[F 18] FRITZSCHE, G.: Nachrichtenübertragung und Netzwerktheorie. Nachrichtentechnik/Elektronik **29** (1979), H. 11, S. 444–449

[G 11] GENSEL, J.: RC-active networks considered from the Q-enhancement point of view. Proc. of SSCT, Prag, 1968, S. 14–22

[G 12] GENSEL, J.: Multiloop feedback RC-active filters. Proc. of SSCT, Kladno-Sitna, 1977, Main Lectures, S. 61–79

[G 13] GETHÖFFER, H.: Einsatz von Mikroprozessoren in der Nachrichtentechnik. S. 117–139 in „Mikroprozessoren und ihre Anwendungen" (Hrsg.: Hilbert, W./Piloty, R.), München, R. Oldenbourg-Verlag, 1977

[H 11] HÄLSIG, C.: Mechanische Frequenzselektion. Nachrichtentechnik/Elektronik **27** (1977), H. 1, S. 10–13

[H 12] HÄLSIG, C.: Physik und Technik von Bauelementen zur mechanischen Frequenzselektion. Tagungsbericht 23. IWK, TH Ilmenau (1978), Vortragsreihe „MIS-Mikroelektronik und Akustoelektronik", S. 71–74

[H 13] HELMS, H. D./KAISER, J. F./Rabiner, L. R. (Hrsg.): Literature in Digital Signal Processing (Author and Permuted Title Index), IEEE Press Selected Reprint Series, 1975

[K 11] KRAUSS, H.: Beitrag zum Entwurf breitbandiger Leitungsfilter. Dissertation A, HfV Dresden, 1976

[L 11] LINVILL, J. G.: RC-active filters. Proc. IRE **42** (1954), Nr. 3, S. 140–144

[L 12] LIPPMANN, J.: Zustandsanalyse linearer zeitinvarianter Systeme bei determinierter und stochastischer Erregung. Dissertation B, HfV Dresden, 1978

[L 13] LÜCKER, R.: Matrixbeschreibung und Analyse zeitdiskreter Systeme. TH Darmstadt, Fachgebiet Übertragungstechnik, Forschungsbericht Nr. 81, 1976

[L 14] LÜCKER, R.: Ein Verfahren zur Empfindlichkeitsanalyse zeitdiskreter Netzwerke. TH Darmstadt, Fachgebiet Übertragungstechnik, Forschungsbericht Nr. 97, 1977

[L 15] LÜDER, E.: Integrierbare Filter in VLSI-Technik. AEÜ **32** (1978), H. 10, S. 381–389

[L 16] LUK, W. K./LI, H. F.: Microcomputer-based real-time/one line f.f.t. processor, IEE Proc. Vol **127** (1980), No. 1, pp. 18–23

[M 11] MITRA, S. K./SHEAHAN, D. F.: Proceedings of the IEEE (Special issue on miniturized filters) **67** (1979), No. 1, S. 1–186

[O 11] ORCHARD, H. J.: Inductorless Filters. Electronics Letters 2 (1966), No. 6, S. 224–225

[R 11] RABINER, L. R./RADER, CH. M. (Hrsg.): Digital Signal Processing. IEEE Press Selected Reprint Series, 1972

[R 12] RANDALL, R. B./UPTON, R.: Digital Filters and FFT Technique in Real-Time Analysis. Brüel u. Kjaer, Technical Review 1, 1978

[R 13] RIORDAN, R. M. S.: Simulated inductance using operational amplifiers Electronics Letters 3 (1967), No. 2, S. 50–51

[S 11] SALLEN, R. P./KEY, E.: A practical method of designing RC-active filters. IRE Trans. **CT-2** (1955), No. 2, S. 74 bis 85

[S 12] SEIDEL, V.: Zur Realisierung von aktiv absolut stabilen RC-Filterbausteinen mit imaginären Übertragungsnullstellen. Dissertation A, Dresden, HfV, 1975

[S 13] SCHÜSSLER, H. W.: Zur allgemeinen Theorie der Verzweigungsnetzwerke. AEÜ 22 (1968), S. 361–367

[T 11] THRANE, N.: The Discrete Fourier Transform and FFT Analysers. Brüel u. Kjaer Technical Review 1, 1979

[U 11] UNGER, H.: Untersuchungen zur Realisierung analoger rekursiver Abtastfilter. Dissertation B, Universität Greifswald, 1979

Symbolverzeichnis

Schreibweise der Größen und Funktionen

$u(t)$, $i(t)$, $f(t)$	zeitabhängige Funktionen
U, I	(i. a. komplexe) Effektivwert-Amplituden, herrührend von der symbolischen Wechselstromrechnung
$A(\omega)$, $B(\omega)$, $T(\omega)$	reelle Frequenzgänge (Teilfunktionen)
$U(j\omega)$, $I(j\omega)$, $T(j\omega)$ bzw. einfacher $U(\omega)$, $I(\omega)$, $T(\omega)$	stationäre (komplexe Frequenzfunktionen[1]) = Frequenzgänge
$U(z)$, $I(z)$, $T(z)$	(komplexe) Bildfunktionen, herrührend von $\mathcal{Z}(u(k))$, $\mathcal{Z}(i(k))$, ...
$\{f_\nu(k)\}$, $\{g_k\}$	Folgen im Zeitbereich
$\{F_{\nu i}\}$, $\{F_{gi}\}$	Folgen im Frequenzbereich
$\boldsymbol{g}$, $\boldsymbol{A}$, $\boldsymbol{B}$, $\boldsymbol{b}$, $\boldsymbol{f}_\nu$, $\boldsymbol{F}_\nu$	Matrizen, Vektoren
ΔA, ΔB	Determinanten
v', w', ω'	Bezogene Größen
$(\quad)'$	Transponierte Matrizen bzw. Vektoren
U^*, I^*, $T^*(j\omega)$	Konjugiert-komplexe Größen
f_*, F_*	Größen, die von Abtastmodellfunktionen herrühren

[1]) Wenn z. B. $U(j\omega) = U(\omega)$ aus $\mathcal{F}(u(t))$ entstanden ist, hat $U(\omega)$ als physikalische Einheit V/(1/s) (Amplituden*dichte*)

Alle Signal- und System- bzw. Netzwerkgrößen werden bei üblichen Bezeichnungen vorzugsweise normiert dargestellt, d. h. ohne physikalische Einheiten. (Ausnahmen: Mit Einheiten ausgewiesene tatsächliche Ausführungen.)

Formelzeichen

Lateinische Buchstaben

a_μ	konstante Koeffizienten
$A(\omega)$	Dämpfung(scharakteristik)
$\boldsymbol{A}$	Zustandsmatrix
b_ν	konstante Koeffizienten
$B(\omega)$	Phase(ncharakteristik)
$\boldsymbol{B}, \boldsymbol{b}$	Steuermatrix, Steuervektor
c	Lichtgeschwindigkeit
c_n	Fourierkoeffizient von $f_p(t)$
C	Kapazität
C, c	Beobachtungsmatrix, Beobachtungsvektor
d_μ	FOURIER-Koeffizient von $T_p(\omega)$
d_ν	Element einer Binärfolge
$\boldsymbol{D}, \boldsymbol{d}, d$	Durchgangsmatrix, Durchgangsvektor, Durchgangsfaktor
f	Frequenz
$f_\nu(t)$	Signalzeitfunktionen
$f(kT), f(k), f_k$	Abtastwert bei $t = kT$
$f_{\max}$	maximale Frequenz
$f(t)$	Abtastmodellzeitfunktion
$F(i\Delta\omega)$	Abtastwert bei $\omega = i\Delta\omega$
F	Frequenz- bzw. Bildfunktion von $f_*(t)$
$g(t)$	Gewichtsfunktion
$g(kT), g(k), g_k$	Abtastwert bei $t = kT$
g_{opt}	Optimale $g(t)$ herrührend von T_{opt}
G	reeller Leitwert
$\boldsymbol{I}$	Einheitsmatrix
k	natürliche Zahl
L	Induktivität

m	Grad (eines Zählerpolynoms)
n	Grad (eines Nennerpolynoms)
N	Anzahl der Abtastwerte/Periode
p	komplexe (Kreis-) Frequenz, Bildvariable der LT
P	Wirkleistung
Q	Güte, Gütefaktor
R	reeller Widerstand
t	Zeit
T	Zeitschrittweite, Taktzeit, Zeitquant
T_c	Schaltzeit
$T_f(z)$	finite Näherung einer $T(z)$
T_{opt}	Optimale Übertragungsfunktion (bei verrauschten Signalen, Korrelationsfilter-Übertragungsfunktion)
$T^{(\nu)}$	Teilübertragungsfunktion
$T(\omega)$	Stationäre (komplexe) Übertragungsfunktion
$T_i(\omega)$	Ideale $T(\omega)$
$T(z)$	$\mathscr{Z}$-Übertragungsfunktion
V	Verstärkungsfaktor
u	Realteil von w
v	Imaginärteil von w
$w = u + jv$	Bilineartransformiertes z bzw. transformiertes p
x	Zustandsvariable, Realteil von z
y	Imaginärteil von z
Y	Leitwert
$z = x + jy = e^{pT}$	Bildvariable der $\mathscr{Z}$-Transformation
z_i	Diskreter z-Wert bei $p = ji\Delta\omega$
Z	Widerstand
Zykl $\boldsymbol{g}$	Übertragungsmatrix

Griechische Buchstaben

δ	Festzeit (Impulslänge)
δ_0	Zeiteinheitspuls
$\delta(t)$	Zeiteinheitsstoß (*Dirac*-Impuls)

δ_T	Zeit-Impulskamm oder Zeiteinheitspuls mit der Periode T
$\delta(\omega)$	Frequenzeinheitsstoß
δ_{ω_A}	Frequenz-Impulskamm oder Frequenzeinheitspuls mit der Periode $\omega_A = \frac{2\pi}{T}$
$\Delta\omega$	Frequenzschrittweite, Quant der (Kreis-) Frequenz
ε	Einheitsvektor (Abkürzung für $e^{j2\pi/N}$)
λ	Wellenlänge, natürliche Zahl
ϱ	Betrag des Betriebsreflexionsfaktors
σ	Realteil der komplexen (Kreis-) Frequenz p
$\bar{\sigma} = \sigma$	Betrag von σ
ω	Kreisfrequenz, Imaginärteil von p
ω_A	Abtast(kreis-)frequenz
$\omega' = \omega T$	Auf $\frac{1}{T}$ bezogene (Kreis-) Frequenz

Abkürzungen

A/D	Analog/Digital (-Wandler)
BP	Bandpaß
BS	Bandsperre
CCD	Charge coupled devices
CPU	Central processing unit
D/A	Digital/Analog (-Wandler)
dB	Dezibel
DFT	Diskrete $\mathscr{F}$-Transformation
DFT^{-1}	Inverse diskrete $\mathscr{F}$-Transformation
EPROM	Erasable PROM
$\boldsymbol{F}_D$	Fourier-Matrix
$\boldsymbol{F}_D^{-1}$	Inverse $\boldsymbol{F}_D$
FFT	Fast $\mathscr{F}$-Transformation
FFT^{-1}	Inverse FFT
$\mathscr{F}$	Fourier-Transformation
$\mathscr{F}^{-1}$	Inverse Fourier-Transformation
HP	Hochpaß

IC	Integration circuit
IS	Integrierte Schaltung
K 2	Zweierkomplement
LSI	Large scale integration
$\mathscr{L}$	LAPLACE-Transformation
$\mathscr{L}^{-1}$	Inverse $\mathscr{L}$
MC	Mikrocomputer
MLF	Multi-loop-feedback
MP	Mikroprozessor
MPS	Mikroprozessorsystem
MSI	Medium scale integration
N	Nullstelle
NW	Netzwerk
PROM	Programmable ROM
RAM	Random access memory
REPROM	Reprommable ROM
ROM	Read only memory
RTL	Resistor-Transistor-Logik
SSC	Small scale integration
TF	Trägerfrequenz
TP	Tiefpaß
TP C	Cauer-TP
TP P	Potenz-TP
TP $T_{1,2}$	TSCHEBYSCHEFF-TP (1., 2. Art)
TTL	Transistor-Transistor-Logik
VLSI	Very large scale integration
ZF	Zwischenfrequenz
$\mathscr{Z}$	$\mathscr{Z}$-Transformation
$\mathscr{Z}^{-1}$	Inverse $\mathscr{Z}$

Sachwortverzeichnis

Abtast-filter 13, 54
— -frequenz 21, 95, 105, 115
— -modellfunktion 22
— -signale 25
— -systeme 54
— -theoreme 20
Addierer 16
aktives *RC*-Modell 143
Algorithmus 13
Allpaß 71, 76
Analog-Digital-Wandler (A/D) 12, 94, 129
analoge Realisierungen 14, 132, 136
analoges Abtastfilter 132
Analyse zeitdiskreter Systeme 53
Anwendungsspezifische Schaltkreise 134
Approximationen 93
axiomatische Beschreibung 18

Bandbegrenzung 20, 95
Bandpaß (BP) 120
Bandsperre (BS) 120
Betragscharakteristik 71
Bezugsfilter 113
Bilinear-Transformation 116

CCD-Technik 134
Codierung 128, 140

Dämpfungscharakteristik 71
Differenzengleichung 16, 55, 86, 91
Digital-Analog-Wandler (D/A) 12, 129
digitale Realisierungen 14, 127 136
— Signale 25
— Signalverarbeitung 17
— Systeme 54, 127
Digital-filter 13, 54, 139
— -technik 14, 132
Dirac-Puls 30
Direktform 79
diskrete Digitaltechnik 132, 136
— Faltung 61
— Fourier-Transformation 43
— Signale 20
Diskret-netzwerk 95
— -filter 95
Dreiecksmatrix 64
dyadisches Zahlensystem 128
dynamisches Verhalten 14

Echoentzerrer 82
Echtzeiterfassung 140
Echtzeitverarbeitung 140
Einfachsystem 54, 91
endliche Matrizen 48
— Wortlänge 130

Entwurf zeitdiskreter Netzwerke 93
— im Frequenzbereich 105
— — p-Bereich 96
— — z-Bereich 96
— — Zeitbereich 96
Exponentialform 38

Fehlereigenschaften 131
Fensterfunktionen 113
FERMAT-Ring 51
Festkommazahl 128
FFT-Algorithmus 50, 139
Filter 13, 96, 113
Filterrealisierungsarten 142
finite Näherung 107
— Systemtheorie 19, 65
Folge 25
—, Grund- 44
—, kausale 26
Folgenpaar 54
FOURIER-Approximation 105
— -Matrix 48
— -Reihenentwicklung 40, 106
— -Transformation 26
FOURIER-Transformation, diskrete 43
— —, schnelle 49
Frequenzanalyse 140
Frequenzgänge 69
Frequenzmultiplex 14, 142
Frequenzselektive Systeme
Funktionaltransformationen 19

GIBBSsches Phänomen 112
Gewichtsfolge 60, 78, 86, 88
Gleitkommazahl 130
Grenzfrequenz 14, 111, 114
Grenzzyklen 130
Großintegration 11, 129
Grundfolge 44
Grundperiode 44
Gruppenlaufzeitcharakteristik 17

Hardware 137
HILBERT-Transformation 46
Hochpaß (HP) 120

Impulsantwort 61, 92
Impulsinvariant-Transformation 100
Impulskamm 22
Integrationsstufen 11, 133
integrierte Rechentechnik 136
— Schaltkreise 11, 132
— Schaltungen 133
inverse FOURIER-Matrix 48

Kammfilter 25
kanonische Struktur 56, 79
Kaskadenschaltung 84
Kausalität 26, 55
Kernvektor 64
Ketten-form 81
— -schaltung 84
Klein-Integration 11, 133
kombinatorische Logik 132
Konvergenzabszisse 30
Korrelationsfilter 96
Korrespondenzen der Z-transformation 34
Kundenschaltkreise 134

Ladungstransportprinzip (CCD) 134, 142
LAPLACE-Transformation 26, 38
LAURENT-Reihe 31
LC-Modell 143
Leitungsmodell 143
lineare Phase 77, 110
Linearität 55
logische Schaltungen 133

Matched-Filter 96
mehrdimensionale Folgen 138
Mehrfachsystem 57, 138
Mikrocomputer 135
Mikroelektronik 134
Mikroprozessor 135
minimalphasiges System 75
mittlere Integration 11, 133
Modulation 22
Multiplex 14
Multiplizierer 16

Netzwerke 18
—, analoge 91
—, zeitdiskrete 53, 91, 93, 143
Netzwerkelemente 16
nichtrekursive Systeme 57, 76

Parallelschaltung 84
Partialbruchform 67
Phasencharakteristik 71
PN-Plan 67, 75
Polynomform 66
Probensatz 20
Produktform 66
programmierbare Systeme 54, 153
Programmspeicher 135

Quant der Kreisfrequenz 49
Quantisierung 128
Quantisierungsrauschen 130

Reaktanztransformation 119
Realisierungen 11, 79, 127, 132
Rechenregeln für Folgen 27
— — die Z-Transformation 32
rekursive Systeme 57, 74
Restklassensystem 51
Rundung 130

Schaltungsfamilien 133
Schieberegister 133
Schnelle Faltung 53
— Fourier-Transformation 49
Signale 18
—, analoge 21
—, digitale 25
—, finite 38
—, innere 57
—, zeitdiskrete 25
Signal-flußgleichungen 69
— -flußmatrix 69
— -selektion 140
Software 132, 137
Spaltfunktion 23
Speicher 16, 134
Stabilität 54, 60, 62, 85
Störabstand 81, 141
Störungen 130
Strukturdiagramm 123
Superintegration 11, 143
Systeme 17, 54
— mit linearer Phase 77, 83
—, nichtrekursive 57, 83
—, rekursive 57
—, minimalphasige 75
Systemklassifizierung 74
Systemmatrix 58
Systemtheorie der Schaltvorgänge 18

Taktzeit 21, 105, 124
Theorie der linearen Automaten 138
Tiefpaß-Standard-Toleranzschema 114
Transistor-Transistor-Logik 133
Transversalfilter 82
trigonometrisches Polynom 77, 95

Überlagerungsform 31, 38
Überlagerungssatz 37
Überlappungsfehler 41, 45, 115
Übersteuerung 130
Übertragungsfunktion 65, 70

Verzerrungsfreies Übertragungssystem 71
Vorzeichen-Betrags-Darstellung 129

Wandlung 13
Widerstands-Transistor-Logik 133
Wortlänge 127

Zahlendarstellung 128, 138
Zeichenkette 128
Zeit-Differenzen-Beschreibung 138
zeitdiskrete Signale 25, 39
— Systeme 53
Zeitinvarianz 55
Zeitmultiplex 14
Zeitquant 49
$\mathcal{Z}$-Transformation 32, 46
$\mathcal{Z}$-Übertragungsfunktion 65
Zweier-Komplex-Darstellung 129
Zustands-beschreibung 57, 138
— -gleichungen 58, 68, 86
— -größen 57
— -vektor 58

ISSN 0084-098X

Der Verfasser

- geht aus von den Methoden der digitalen Signalverarbeitung
- beschreibt zeitdiskrete Signale und Systeme
- betrachtet Analyse- und Entwurfsgesetze eindimensionaler Systeme im Zeit- und Frequenzbereich systematisch
- demonstriert die Wirksamkeit der Anwendungen
- weist auf künftige mikroelektronische Realisierungen (z. B. CCD-Filter und SC-Filter)
- wendet sich an Interessenten der Wissensgebiete Elektrotechnik, Elektronik, Nachrichtentechnik, Physik und Mathematik

WISSENSCHAFTLICHE TASCHENBÜCHER